■ 日本農業の動き ■　No.217

改めて
食料安全保障を考える

農政ジャーナリストの会

目次

農業気象台 …… 6

〈特集〉改めて食料安全保障を考える

食料安全保障の再構築へ向けた論点 …… 会員 行友 弥 …… 8

穀物と食肉の需給から見る食料供給基盤の危機 …… 宮城大学食産業学群 教授 三石 誠司 …… 20

質疑 …… 35

食料安全保障の強化に向けて …… 自民党衆議院議員・元農林水産大臣 森山 裕 …… 44

質疑 …… 54

食料供給基盤を守る農業現場の取り組み …… 株式会社さかうえ 代表取締役 坂上 隆 …… 64

質疑 …… 79

世界の肥料情勢とＪＡグループの取り組み……ＪＡ全農耕種資材部長　日比　健……90
質疑……105

〈農政の焦点〉

農業集落調査廃止案が語る統計課題……会員　吉村　秀清……114

〈国際部レポート〉

ＪＡＪＡの国際部発足とＩＦＡＪ大会参加について……会員　小倉　千沙……122

編集後記……128

農業気象台

地域創生と言われて久しいが、地方の衰退はどんどん進み、どんな打ち手があるのだろう？　地方の小規模農業は高齢化、後継者不足、機械の老朽化で先細り、離農の時期を模索している。

未来を考えると暗いことばかりに思える農業の光を探しに、徳島県の事例を紹介したい。

徳島県の農業の成功事例というと忘れてはいけないのが「株式会社 彩」。徳島駅から車で五〇分ほどの山間の上勝町が舞台。そこで採れる「葉っぱ」をビジネスにしたことで有名になった。「彩」は今年で三六年目だと言う。「おばあちゃんが一〇〇〇万以上稼ぐ」という驚きのビジネスモデルを作り上げた事で一躍注目された。

お料理に季節感を与える紅葉、椿などの葉っぱや枝がビジネスになる、横石代表が上勝町の女性たちに声をかけ、四人でスタートしたのが三六年前。

「葉っぱがお金に変わるなんて、馬鹿か！」と反対され馬鹿にされた。みかん栽培が盛んな地域が台風被害で壊滅的になった時に、みかんではなく、花木を育て、高品質の葉物ビジネスを進めた。ここまではどこでも紹介されている話だが、先日行った上勝町で、八〇代でも一〇〇〇万以上稼ぐTさんに再会できた。驚くのは、なんと言っても元気さ！　集荷場に自分で運転して、一〇箱以上持ってくる。葉物は軽いので、年をとっても続ける。みかんやゆずで一〇箱も持つことは大変な作業になる。しかし、高齢化は上勝町でも進み、山仕事はできなくなってきたと嘆く。どうしたかと言うと、分業化を進めた。三脚や高枝ハサミで採るのは、息子やバイトを雇い、自分はパック詰めを担当。雇用も生み出して、生産効率を上げているという強者おばあちゃん。最高収入の方は２０００万円を稼ぎ出す。足が痛い、腰が痛いと言いながら「お金が儲かる」喜びがこの世代のモチベーションになっている。ますますお元気な上勝町のみなさんだ。

上勝町が有名になったのは、葉っぱビジネスともう一つ「ウェスゼロ」（ゴミゼロ）政策。

二〇三〇年にゴミの削減に向けた「ゼロ・ウェイスト宣言」を国内の自治体で初めて行い、ゴミの削減とリサイクルに取り組んでいる。住民はゴミの分別を行う収集所に持ち込み、プラスティック六種、紙類五種など四五種類に分別し、リサイクル率80％に達しているという。

このゴミ収集所にホテルができた。二〇二〇年、コロナ禍にオープン。「ＷＨＹ ＨＯＴＥＬ」。

赤茶色の木造ホテルに部屋は4つ。上勝町で取れた木材と廃材家具や窓枠を配置したデザインは「ＪＩＡ環境大賞」を受賞している。

宿泊客は環境に配慮したアメニティーの提供と言うことで、石鹸は自分で使う量だけを切り出し、分別のカゴを渡され、四五種類の分別を学ぶ。レストラン施設はないので、食事なしの宿泊プランだが稼働率が高く、予約困難な日も多い。環境が学べると、家族連れや企業研修などで、予約が取れにくいホテルとなっている。

取り仕切るのは二〇代の女性である

環境問題に興味を持ち「ここでの経験が今後のキャリアに役立ちそう」とホテルの管理に名乗りを上げたとか。マスメディアにも取り上げられ、取材対応も慣れて、ホテルの注目とあいまって自己肯定感も高い。ホテル運営、顧客満足度より環境を学ぶ場所を提供しているという社会問題解決の一員としての意識である。町にとっても若い学生や移住者へのアピールに繋がり、ｗｉｎ‐ｗｉｎ。

ここに地方のヒントがあると思う。Ｉターン、Ｕターンと若い人の定着をのぞむ町。成長の通過点として経験したい若者。このミスマッチで住民が傷ついたり、落胆し、排他的になる地域があるが、若い人は流浪したがっている。一度は経験した方がいいことのプログラムがある町に、若者は行きたがっている。

上勝町はこの三つで、若者を惹きつけている。一五〇〇人の人口の高齢化の町の状況を肌で感じ、都会と違う地方の空気感。その見せ方、情報を届けることが出来れば、交流人口が増える起爆剤となる。交流が増えると言うことは、旧世代が否定されることもあるが「そう言う物」と柳に風で押し流そう。入って出ていくことは、流れている証拠。一番のリスクは入ってさえこないことだ。辞めてくれてありがとう！　増やすではなく、流し続ける。地方活性化の寵児、上勝町は新しい風が吹いていた。（大）

農業気象台

特集：改めて食料安全保障を考える

食料安全保障の再構築へ向けた論点

会員　行友　弥

食料安全保障をめぐる議論が高まっている。ロシアのウクライナ侵攻を受けた食料・資源価格の上昇や外国為替市場の円安による輸入物価高騰がきっかけだが、根底には食料自給率が三八％（二一年度、カロリーベース）まで低下した現実と、表裏一体で進む国内農業の衰退がある。また、東アジアを含む国際情勢の緊張を受けて「経済安全保障」の確立が叫ばれ、その一環として食料が位置づけられるようになった面もあろう。

政府は二八兆九〇〇〇億円に上る二二年度補正予算に農林水産関係費八二〇六億円を盛り込み、その最大の柱が食料安全保障関連だ。政府・与党内では、制定から二三年を経た食料・農業・農村基本法の改正論議が始まっており、その焦点も食料安保になっている。

「国民への安定的な食料供給基盤を構築する」ことに反対する人は誰もいないだろう。しかし、一時の危機感の高まりから、拙速に制度・政策を見直す危うさはないか。そもそも食料の安全保障とは何か、誰のためのものかという本質を踏まえた議論が求められている。

ウクライナ侵攻と穀物価格の高騰

食料安保への関心を高めたきっかけが、二二年二月二四日に始まったロシアによるウクライナ侵攻であったことは間違いない。ロシアとウクライナは、ともに世界有数の穀物輸出国であり、両国で小麦の世界の貿易量（約二億トン）の三割を占める。その二大国が経済制裁や戦災で輸出を急減させ、世界の穀物市場に激震が走った。また、ウクライナはトウモロコシやヒマワリの種などでも主要な産出国であり、影響は幅広い。特に食料自給率が低く、ロシア・東欧からの輸入に依存する中東やアフリカ諸国の打撃は深刻だ。

シカゴ穀物市場の小麦価格は同年三月七日に一ブッシェルあたり一四・三ドルの過去最高値をつけ、その後も八ドルを超える高値圏で推移している。飼料用などとして小麦と競合する大豆やトウモロコシも代替需要などで「連れ高」になり、歴史的な高騰を続けている。

もちろん日本にとっても他人事ではない。国内への影響として、まず挙げられるのは輸入小麦の政府売渡価格だろう。農林水産省は同年四月期（二二年四〜九月）の売渡価格を前期比一七・三％高い一トンあたり七万二五三〇円に引き上げた。一〇月期（二二年一〇月～二三年三月）は政治判断で据え置いたが、本来の算定方式で輸入価格を反映させれば、やはり二割程度の値上げになるはずだった。原料調達価格の上昇を受けて製粉メーカーが小麦粉の販売価格を引き上げ、それを使ったパン・麺類などの食品も値上がりし、食品メーカーや飲食店などの経営を圧迫している。

影響は幅広い食品や畜産飼料にも

食品価格の高騰は小麦製品にとどまらず、幅広い品目に及んでいる。民間の信用調査会社「帝国データバンク」が食品業界の主要一〇五社を対象に行った調査によると、二二年一〇月に値上げされた食品は六六九九品目に及び、同年中に予定された価格改定を含めた一年間の累計では二万七四三品目、値上げ率は年平均で一四％に上る。そして、二三年以降も一〇五社が四〇〇〇品目を超える食品の値上げを予定しているという。

当然、家計にも影響は及んでいるが、二〇年を一〇〇とした二二年一〇月の企業物価指数（卸値など企業間の取引価格を示す）が前年同月比九・一％の上昇を示したのに対し、消費者物価指数（生鮮食品を除く）は三・六％の上昇にとどまった。コスト増を販売価格に転嫁できない生産者や流通・加工業者の苦境がうかがえるが、消費者物価も四〇年八カ月ぶりの上昇幅であり、決して小さくはない。特に家計に占める食料支出の比率が高い低所得層には大きな打撃だろう。

生産現場で、とりわけ苦悩の色を深めているのが酪農家だ。飼料価格の高騰だけでなく、牛乳・乳製品需要の低迷や副産物である乳雄初生牛（ぬれ子）の価格下落にも見舞われ、八方ふさがりの状態といえる。一一月に飲用乳の乳価が一キロあたり一〇円引き上げられたほか、加工原料乳生産者補給金も引き上げられる方向になっているが、製品価格を上げれば需要が減るというジレンマもあり、より根本的な対策が求められている。

一二月五日付「日本農業新聞」によると、一〇月末時点における全国の生乳出荷戸数は一万一四〇〇戸となり、半年間で三・四％も減った。前年の同期間の二・三％減より離農（休廃業）が加速している。日本の酪農は崩壊の危機に瀕しているといっても過言ではないだろう。

化学肥料の原料調達も困難に

食料や農業資材の価格が急騰する背景はウクライナ侵攻だけではない。国内的にはむしろ、一〇月二〇日に一時一ドル＝一五〇円を突破した外国為替市場の円安が主因という見方が強いし、他にもさまざまな要因が指摘されている。

たとえば、小麦の政府売渡価格はウクライナ侵攻前から上がっており、二一年一〇月期は前期比で一九％の引き上げだった。円安に加え、海外産地を襲った干ばつや洪水などの異常気象、新型コロナウイルス禍による物流の混乱や海上運賃の上昇といった複雑な要素が絡んでおり、ウクライナの戦争は「最後の一撃」に過ぎなかったというべきだろう。

さらにいえば、今回の危機には農産品だけでなく幅広いエネルギー・資源の供給不安が関連している。特に農業現場を悩ませているのは化学肥料の値上がりだ。全国農業協同組合連合会（ＪＡ全農）は二二年一一月～二三年五月に販売する肥料（春肥）を前期比で八～三一％値上げした。一年前からみれば七割の上昇になる。

ロシアとその同盟国ベラルーシは化学肥料の主原料である塩化カリウムの主要輸出国であり、合計で世界の産出量の四割を占める。その両国からの輸入が経済制裁でストップした。また、日本にとってリン酸アンモニウムや尿素の主な調達先である中国が、昨年半ばごろから国内供給を優先させる方針に転じ、輸出を大きく減らした。ＪＡ全農や大手商社は他の調達先を探すのに躍起だが、十分な量を確保するには至っておらず、そのことが肥料価格の大幅な引き上げにつながっている。

国内生産強化という課題設定

こうした状況を概観すれば「食料安全保障」という概念も、根底から見直す必要がありそうだ。従来、食料安保の中心命題は食料自給率（カロリーベース）の向上とされ、そのための食の輸入依存脱却、あるいは国内の生産基盤強化が課題として挙げられてきた。

関税などの国境措置をなるべく維持しつつ農地などの経営資源を効率的な農業経営体に集中させ

て貿易の自由化に対応し、輸出や加工・販売（6次産業化）など新たな市場開拓にも取り組んで「農業の成長産業化」を図る。あるいは、消費者に「農は国の基（もとい）であり、国産農産物を消費することが国を守ることにつながる」と訴える。そうしたことが食料安保を推進する施策のイメージだったように思う。

現行の食料・農業・農村基本法も、第二条に「食料の安定供給の確保」を掲げている。そこで強調されているのは国内生産の重要性だ。同条第二項は「世界の食料の需給及び貿易が不安定な要素を有していることにかんがみ、国内の農業生産の増大を図ることを基本とし、これと輸入及び備蓄とを適切に組み合わせて行われなければならない」とうたう。つまり、国内生産・輸入・備蓄を組み合わせていくが、基本は国内の生産振興ということだ。

不安定化するサプライチェーン

しかし、昨今の事態が浮き彫りにしたのは、その国内生産自体が精緻なガラス細工のようなグローバル・サプライチェーンの上に成り立っているということだ。

たとえば、カロリーベースの自給率を計算する際には、家畜に与える飼料の自給率が反映される。二〇二一年度に国内で供給された畜産物のうち六四％は国産だったが、うち四八％に相当する部分は輸入飼料によって生産されたため、畜産物の自給率は一六％になるという計算だ。しかし、酪農・畜産以外の分野も生産資材の多くを輸入に頼っていることは無視されてきた。

既にみたように肥料が正にそうだし、公式な統計はないが、野菜の種苗のうち国内で生産されているのは一割程度とされる。採卵鶏やブロイラーの親にあたる「種鶏」も国産は数％とみられている。モヤシの原料である緑豆も、大半は中国からの輸入品だ。そもそも農業機械を動かし、ハウスを加温するための燃料もほぼ一〇〇％が輸入であり、それらを家畜の飼料と同様に食料自給率に反映させていったら、その数字は限りなくゼロに近づくだろう。

むしろ、日本の商社や農業団体による生産資材の輸入が国内の農業生産を支えてきたことも忘れてはならない。二二年一一月二七日に放送された「ＮＨＫスペシャル　混迷の世紀第四回　世界フードショック～揺らぐ『食』の秩序～」では、ＪＡ全農の子会社「全農グレイン」の取り組みが紹介された。同社は北米などに巨大な穀物の輸出（日本側からみれば輸入）基地を築き、日本の畜産業に飼料を「安定供給」してきた。その取扱量は年間一四〇〇万トンに上るという。

しかし、築き上げたその基盤がいま揺らいでいる。番組で同社幹部は「世界の需給は逼迫した状態が続いている。ますます変数が多くなり、これから何が起きるか分からない。日本へも安定的な供給をできないということを、ひしひしと感じる」と苦渋の表情で語った。「国内生産を強化し、輸入依存を脱することが食料安保」といった紋切り型の言説が通用しない現実と、彼らは世界の最前線で向き合っている。

基本法が掲げた「国内農業生産の増大」も、その生産が何に支えられ、どこにアキレスけんがあるのかを考えなければ「砂上の楼閣」になりかねない。同番組には、基本法制定当時に農林水産事務次官を務めた高木勇樹氏が登場し、こう語った。「お金があって海外のいろいろなところから買える、ある程度安く買えるということであれば、グローバルなルールが守られている限り心配しなくて済んでいた。今回のような事態は想定していなかった。フェーズが変わったことが大きな岐路だ。グローバルなルールが適用している世界から、そうでない世界に変わっている」

絡み合うリスク要因と人間の安全保障

直視すべきは、基本法が制定された二〇世紀末とは比べものにならないほど食料供給基盤を脅かすリスク要因が増え、しかも複雑に絡み合っているということだ。戦争（国家間だけでなくテロや内戦・民族紛争も）、新型コロナのような感染症のまん延、地球温暖化による洪水・干ばつなど異常気象の頻発、同じく温暖化に起因する水資源の枯渇、リーマン・ショックのような経済混乱、貧困と格差の拡大、行き過ぎたグローバル化の反動として勃興するナショナリズム（自国優先主義や移民排撃）、権威主義国家の台頭などが、その要素として挙げられる。

これらは互いに関連し合っているだけでなく、負の相乗効果も生む。たとえば多くの地域紛争の背景に水資源の問題（水争い）があると指摘されているが、地球温暖化で水源の枯渇や土地の砂漠化が進行すれば、戦乱や飢餓はますます激しくなり、食料生産や物流の基盤が破壊される。また、水不足は感染症の拡大要因になり、その面からも食料危機を深化させるだろう。

食料安全保障を因数分解すると、それは幅広い分野の安全保障、とりわけ「人間の安全保障」と不可分であることがわかる。人間の安全保障とは、一九九五年に開催された世界社会サミットへ向けて九三〜九四年に国連開発計画（ＵＮＤＰ）が打ち出した概念で、緒方貞子・元国連難民高等弁務官によると「一人ひとりに焦点を当て、その安全を最優先するとともに、人びと自らが安全と発展を推進することを重視する考え方」（長有紀枝著「入門　人間の安全保障　恐怖と欠乏からの自由を求めて」より）だ。

緒方氏は二〇〇一年に設立された人間の安全保障委員会の共同議長をノーベル経済学賞受賞者のアマルティア・セン氏（当時はケンブリッジ大学トリニティーカレッジ学長）とともに務めた。日本政府は同委員会の設置資金を提供するなど、人間の安全保障を積極的に推進した。

人間の安全保障は、主に軍事力によって追求される国家の安全保障とは違い、一人ひとりの人間に「欠乏からの自由」や「恐怖からの自由」を保障する点に特徴がある。個々人に着目することによって、それは国家の枠組みを超えたグローバルな取り組みを要求する。飢餓・貧困の撲滅、感染症のまん延防止や地球温暖化対策といった課題は国際的な協調抜きには達成しえない。

人間の安全保障の延長線上に、より具体的な目標を設定したものが国連の「ミレニアム開発目標」

（ＭＤＧｓ、目標年次は二〇一五年）であり、それを引き継いだのが現在の「持続可能な開発目標」（ＳＤＧｓ、同二〇三〇年）だ。ＳＤＧｓが掲げる一七の目標には、貧困や飢餓の克服、健康・福祉、教育、ジェンダー平等、水と衛生の確保、生産者と消費者の責任、気候変動対策、海と陸上資源の保全、平和の実現等々、食料安全保障につながるさまざまな項目が含まれている。これらは縦割りではなく、包括的に追求することが重要であることは容易に理解できよう。

　そもそも「食料安全保障」という言葉を「自国民の食料を確保する」という狭量な意味で使うのは日本ぐらいだろう。筆者の知る限り、国連世界食糧計画（ＷＦＰ）や国連食糧農業機関（ＦＡＯ）などの国連機関がいう「フード・セキュリティー」は国単位の概念ではなく、経済的発展の遅れた地域や被災地・紛争地の住民に食料供給をどう保障するかという問題だ。

　最近は先進国内部でも経済格差の拡大や貧困・孤立などの社会問題が深刻化している。国単位では食料が足りていても、たとえばコロナ禍で収入を断たれるなどした社会的弱者が食料へのアクセス機会を奪われれば、それもフード・セキュリティーの欠如といえよう。言い換えれば、国としての食料安保より「人間の食料安全保障」がより重要だ。

食と農を根底から考える論議を

政府は、二二年度補正予算に食料安保の強化策として一六四二億円を盛り込んだ（農林水産関係費全体では八二〇六億円）。その中心は肥料・飼料対策で、肥料の原料備蓄を支援する基金の造成、堆肥・下水汚泥の活用促進、飼料の国産化などに充てられる。

「下水汚泥の活用」は下水処理で出る汚泥から肥料原料となるリンを回収するもので、一部では実際に利用が始まっている。また、飼料対策では耕種農家と畜産農家のマッチングを進めるほか、米から飼料作物（子実用トウモロコシなど）へ転作する際に必要な機械の導入費用などを補助する。また、穀物価格の高騰で発動が続く配合飼料価格安定制度の補填基金も積み増す。

一方、二二年五月には国会で経済安全保障推進法が成立し、同年九月には同法に基づく基本方針が閣議決定された。経済安保は主として「中国の脅威」を念頭に、国民生活や経済活動に不可欠な物資や技術の海外流出を防ぎ、国内備蓄を図る考え方だ。一一月一六日付「日本経済新聞」によると、同法に基づいて指定される「特定重要物資」の候補には、半導体や重要鉱物とともに肥料も挙がっているという。

国家としての安全保障を目指す、これら施策の必要性を否定はしない。しかし、既に述べたように真のフード・セキュリティーは一国単位では実現しえず、産業政策の枠組みで捉えきれないものであることも確かだ。平和で持続可能な未来の構築へ向けた多くの社会課題と一体で、農や食、地域の在り方を根底から見直すような議論を積み上げていってほしいと思う。

（ゆきとも・わたる　農林中金総合研究所　客員研究員）

19　食料安全保障の再構築へ向けた論点

穀物と食肉の需給から見る食料供給基盤の危機

宮城大学食産業学群 教授
三石　誠司

みなさん、こんにちは。今日は、「食物と食肉の需給から見る食料供給基盤の危機」というテーマについてお話したいと思います。

私は、大学を出てから、ＪＡ全農に二一年一一か月勤めておりました。その後、宮城大学に移り、この春で一七年目になります。大学人の立場から、食料と農業の世界を見てきた中で、今日の研究会に多少でもお役に立てればと思います。

ロシア・ウクライナ情勢など、直近では世界でかなり変化が起こっていますが、その変化を日々追うことに関しては、ジャーナリストの皆さんにお任せして、私は全体を俯瞰するイメージで話ができたらと思っています。

牛肉、豚肉、鶏肉の生産量と消費量の推移を、この二〇年くらいで見てみます。二〇〇〇年、世界全体で一億八〇〇〇万トンくらいが生産されていて、消費も一億七七〇〇万トンとほぼ似たようなものでした。人口は、二〇〇〇年に六一億人くらいでしたので、単純に消費量を人口で割ると一人当たり二八・九キログラムでした。これを二〇二〇年、二〇二二年と見ていくと、われわれがいかに肉食化してきているかがよくわかります。牛肉はそれなりに増え、豚肉もそれなりに増え、そして鶏肉が倍増しました。豚肉は、実は二〇一八年夏以降、アフリカ豚熱の影響でいったんは減りました。二〇二〇年には九万五七六七トンとなったのですが、それがまた戻ってきて、二〇二二年には以前の水準に戻っています。二〇二二年の世界の食肉生産量は、豚と鶏が一億トンずつで、牛が六〇〇〇万トン、全部で二億七〇〇〇万トンくらいです。この二〇年の間の一番大きな変化としては、なんといっても鶏肉が倍増していることです。人口は七九億人とそれなりに増えて、一人当たりにすると、二八・九キログラムだったものが三三キログラムくらいと、四キログラムくらい増えました。牛肉も一定程度増えましたがあまり変わっていません。その代わり、鶏肉が急速に伸びています。特に直近二〇年の変化を見ると、豚肉、鶏肉、特に鶏肉が二〇年で倍増して、一億トン市場になっています。

食肉消費量増加の背景は、大まかに言えば世界経済の発展に伴う生活水準の向上ですが、生産する側から見ると、非常に工業的・安定的な食肉生産ができるようになってきたことが言えます。特にブロイラーでそれが顕著です。一方、大家畜に関しては、環境規制や健康志向、赤肉から白肉へのシフトなどがあります。また、世界で、ヒンズー教徒が一一億人、イスラム教徒は一九億人といわれていますが、この方たちの生活水準も上がり、これらの人々のいずれもが食べられる鶏肉が増えているのではないかと感じています。

豚肉の国内自給を目指す中国の思惑

次に、日本にとって重要な貿易について見ます。二〇二二年四月にアメリカ農務省（ＵＳＤＡ）が公表した食肉貿易量のデータによると、かつては、牛豚鶏の貿易量はそれぞれ一千万トンずつで合計三〇〇〇万トンと言われていましたが、牛肉は今では一二〇〇万トンくらいです。最大の生産国である米国では生産量と国内消費量がほぼ同量で、かつ一定量を輸入しており、それと同じくらい輸出もしています。牛肉に関しては、最近ブラジルが非常に強くなってきていて、輸出が二六〇万トンくらいあり、今後の生産・輸出拡大に大いに期待でき、ＵＳＤＡが二月に出した長期見通しでは、一〇年後にはブラジルの牛肉輸出が三六九万トンになると予測しています。

中国は、国内消費量が一〇〇〇万トンありますが、生産量は七〇〇万トンしかありませんので、三〇〇万トンは輸入しなければなりません。アルゼンチンに輸出余力が若干あり、オーストラリアにも少しあります。なお、アジアでは今後、インドが台風の目になってくる可能性があるでしょう。インドの人口は一二億人くらいですが、そのうち八五％のヒンズー教徒は牛を食べませんが、残りの一五％のイスラム教徒とキリスト教徒にとっては、牛肉はご馳走です。

なお、二〇一八年、インドはいったん世界一の牛肉輸出国になったことがありました。最終的にはブラジルのほうが多くなりましたが、今後も多ければ二〇〇万トンくらい輸出する可能性もあります。ちなみに、日本は八〇万トンを輸入に頼っています。

豚肉では、中国が世界最大の生産国であり消費国でもあります。ピーク時には、五五〇〇万トンくらい消費していました。世界の豚肉の貿易量は一二〇〇万トンくらいですが、牛肉との大きな違いは、ＥＵという大生産国と大輸出国が存在していることです。輸出見通しはＥＵが五〇〇万トン弱で、それ以外に米国、ブラジル、カナダが輸出しています。今年は、メキシコが非常に苦しい状況で、国内消費が二四〇万トンあるにもかかわらず、生産量は一五〇万トンしかありません。単年度で見ると不足していますが、それでも輸出が二万トンくらいあります。全体で見れば、中国の豚肉輸入は減少しても世界最大であることは間違いありません。ＵＳＤＡでは、二〇三一年には中国による六三〇万トンの輸入を予想していますし、今後も着実に増加するでしょう。中国にとって豚肉は、いまや主食ですので、政府当局としては豚肉の自給を実現したいと考えているはずです。何が何でも国内自給をしないと、政治的に国内を抑えられません。

従って、中国は、豚肉をできるだけ自給する体制に動くのは間違いありません。そうは言っても、五五〇〇万トンの生産をどう実現できるかが問題です。

中国でアフリカ豚熱が起こった二〇一八年の夏以降の豚肉貿易の動きを見ると、アメリカがどこ向けの輸出を犠牲にして中国を助けたかがよくわかります。中国への輸出を確保した分、メキシコ、日本、韓国、コロンビアなどへの仕向けが減少しました。これによって、アメリカから見た中国の重要度が明らかになりました。アメリカの豚肉の対中国輸出は平年の四倍くらいになっています。実はその直前まで、米中貿易戦争といわれるような情勢でしたが、中国はアメリカから豚肉を買わざるをえなかったのです。アメリカとしては、こうした危機を、新たな市場構築の土台として活用したわけで、中国の危機を、新たなビジネスチャンスに転換したのです。それは、米国、中国、日本のいずれにも好都合でした。日本は、中国の豚肉がないといっても、多少輸入量が減ったものの国内生産でなんとかなりました。一番輸入が減少したのはメキシコでしたが、その後すぐ回復しています。

世界の鶏肉貿易量は一三〇〇万トンで、最大生産国の米国にはまだ三〇〇万トンくらいの輸出余力があります。ブラジルにも輸出余力がありますが、中国にはもうありません。必死になって生産しているものの、それでも生産と消費がぎりぎりの状態です。年間一〇〇万トン以上を輸出できる輸出国は、ブラジルとＥＵとタイだけです。おそらく中国は、将来的には一〇〇万トン以上の鶏肉を輸入していくことが確実だと思われます。現在、鶏肉の世界最大の輸入国は一〇〇万トンの日本ですが、中国は八〇万トンですから、近いうちに抜かれるのは間違いないでしょう。ＵＳＤＡの長期見通しでは、二〇三一年で、香港を含んで一六〇万トンくらいの輸入が見込まれています。

また、中東の動きには注意しなければなりません。中東地域全体で、すでに二〇〇万トンくらいの需要があり、ほぼ同量がアフリカでも想定されています。宗教に関わらず鶏肉は食べられますから、そうした地域での需要は増えていくでしょう。

穀物需給から世界を見る

世界の穀物需給の過去二〇年での最大の変化は何か、そして、それはどのような理由で生じたのか、その変化は今後どうなるのか、それを見ていきたいと思います。

私が全農で穀物取引をやっていたのは、九〇年代以前でした。その時の感覚としては、粗粒穀物と小麦に対して、大豆の貿易は規模が小さかったと思います。しかし、九〇年代から増えてきて、二〇〇〇年頃に大きな転換点がありました。その後、大豆・大豆製品が世界の中心になっていきます。九〇年代後半には、遺伝子組み換え大豆が南米で大々的に生産が開始され、そこから変化が出てきました。

小麦、コメ、粗粒穀物について、世界の需給状況を見ると、粗粒穀物は一五億トンくらいありますが、そのうちトウモロコシが一二億トンくらいを占め、小麦以外の麦類やマイロ（コウリャン）なども入っています。二〇二一年、二〇二二年の需給を見ると、全体の在庫が減っています。これは当然、相場には強い材料になります。六億トンの油糧種子まで含めると、全体で三四億トンくらいになります。これがどう適切に配分されるかが、穀物のマーケットを決めていきます。この四月のUSDAレポートの中で、小麦は、例えばロシアは生産量七五一六万トン、ウクライナ三〇〇〇万トン、輸出量はロシア三三〇〇万トン、ウクライナ一九〇〇万トンでした。今週発表される五月のレポートでどう変わるかが注目されます。

在庫率を見ると、小麦とコメは三五％と三六・九％です。小麦は基本的には欧米人の主食で、コメはアジア人の主食ですが、このくらいの在庫率であれば、今年はそれほど問題ないと思っています。今、マーケットがすごく熱くなっていますが、それは別の要因によるものと考えられます。粗粒穀物の在庫率は、二二・一％で、これも十分だと思います。油糧種子の一七・四％も問題ないと思います。今年度に関しては、需給の面では数字上、ほとんど問題ないはずです。ただ、便乗や噂などでマーケットが上がる可能性はあります。

もっとも、今年度の作付に関しては別問題です。穀物の需給は、二年続けておかしなことが起こると大変なことになります。北半球と南半球でうまくバランスが取れて、世界の不作は二年続けて起こることはあまりありませんでした。しかし、今年は要注意です。アメリカの中西部では干ばつが続いていますし、作付けも例年以上に遅れています。従って、今シーズンはどうにかなっても、来シーズンはもう待ったなしになるという状況だと思います。なお、日本の穀物輸入数量はずっと三〇〇〇万トンくらいで、しかもアメリカからのものが中心なので、アメリカでそれなりに穫れていれば大きな問題はないでしょう。

増えるコメをめぐる世界情勢

一九九〇年代以降、粗粒穀物から大豆へのウエイトのシフトが起こるとともに、コメをめぐる世界情勢も大きく変わってきました。さらに、米国産トウモロコシの位置も変わってきました。世界のコメ貿易は、ウルグアイランド交渉の頃から大きく変わってきています。おそらく今後も世界のコメ貿易は拡大していくでしょう。私が全農にいたころは、世界のコメの貿易量は年間一二〇〇～一三〇〇万トンでしたが、現在では五〇〇〇万トン近くにまでなりました。今後一〇年間で七〇〇〇万トンくらい増えると見込まれています。なぜかというと、日本の全生産量に匹敵する新しいマーケットが世界でできることが見込まれているからです。

これに対して、われわれはどうするかが今、問われているのです。誰がその七〇〇〇万トンを必要としているのか。輸出見通しを見ると、輸出の面では日本は登場しませんが、需要の面では、アフリカやフィリピンなどが登場してきます。にもかかわらず、ほんのわずかしか輸入にまわっていません。ＵＳＤＡのレポートを見ると、今後、インドが二〇〇〇万トンくらい、最低でもエジプトから一万トンくらいは出てくるだろうと見られています。世界でそれだけのコメのマーケットができてくるときに、われわれはどう対応するのかということです。日本の生産コストは高いので世界のマーケットでは勝負にならないという話が常にありますが、世界経済の状況が変わってきているなかで、チャンスはそれなりにあると思います。

大豆の輸出と輸入の見通しを二〇〇〇年くらいから見ると、アメリカはあまり変わっていませんが、ブラジルが大きく輸出を増加させています。その輸出増分は、主に中国が輸入しています。世界の大豆貿易は今後も大きく拡大して、南米から中国へのサプライチェーンがしっかりとできています。ブラジルの輸出量は一億二五〇〇万トン、アルゼンチンが四三五〇万トン、中国はほぼ一億トンの大豆を輸入するという構図です。中国の輸入はさらに増えて、一億四〇〇〇万トンくらいになるだろうとみられています。米国は六〇〇〇万トンレベルで継続していますので、世界の貿易量に占めるシェアは四割から三割くらいに確実に低下していくと見られます。

よく、日本が「買い負ける」と言われることがありますが、日本の輸入は大豆で三五〇万トンくらいです。穀物取引の世界では、三%や五%は誤差の範囲でしかありません。もちろん、船のサイズも変わります。そうすると、一億トンを輸入している国と三五〇万トンを輸入する国では比較になりません。そもそも「勝った負けた」の世界にもなりません。日本の商社も、ブラジルから中国への大豆チェーンの一部を獲得したいと、頑張っているようです。中国は、国策として、油糧種子は世界から輸入する形にしていきます。言い方を変えると、大豆の自給は諦めたということです。中国は、トウモロコシはずっと自給をしてきましたが、これも、一五％くらいまでの輸入を容認するようになってきています。中国の穀物の生産量は一億数千万トンですから、一〇％といっても相当な量になってきます。日本の輸入は全体でも三〇〇〇万トンですが、その一〇倍の胃袋をもつお隣の国が同じマーケットに入ってくれば、そちらのほうが、日本の食料安全保障への影響は大きいでしょう。

所得補償というアメリカ農務省の懸念

もうひとつ見逃せないのは、米国産トウモロコシの位置の変化です。米国は、エタノール需要で、トウモロコシの国内需要をしっかりつくってきました。一九五〇年代、六〇年代に、ハイブリッド種子を導入して、その他のいろいろな技術革新の結果、アメリカのトウモロコシは旱魃になっても大丈夫になりました。私が穀物の取引を始めた頃は、単収が一二〇ブッシェルに届きませんでしたが、今では一五〇ブッシェルを超えるのが普通になっています。天候にかかわらず収穫量が上がるようになったのです。多く収穫できると何が起こるかというと、価格が低下します。その結果、農家への所得補償を含めた多額の補助金を出していきます。このサイクルに陥ってしまい、これの解消がアメリカ農務省の大きな懸念でした。

一方で、湾岸戦争（一九九〇年）や同時多発テロ（二〇〇一年）、その後のイラク戦争といった流れのなかで、原油の中東依存を何とかしたいということが出てきました。これも安全保障の一環でしょう。この流れのなかで、二〇〇五年、エネルギー政策法によって、再生燃料基準をつくり、さらに二〇〇七年には、エネルギー自立安全保障法をつくり、二〇二二年までに三六〇億ガロンのバイオ燃料生産を義務付けました。トウモロコシはそのうち一五〇億ガロンに使います。政策として補助金をつけて実施したものですから、エタノールがアメリカのトウモロコシの最大の需要先になり、四五・六%を占めています。今や、トウモロコシは、農作物であり、工業原料でもあるのです。

穀物から見たウクライナの位置

地図を見るとわかりますが、ウクライナは黒海と地中海を経た穀物の輸送拠点です。ギリシャ・ローマの時代から、バルト海からキエフ（キーウ）を経て、ドニエプル川を使って運び、黒海から、アテネなどにモノを運んでいました。マリウポリやオデッサ（オデーサ）も穀物の輸出港として栄えていました。そういったことを考慮すると、ロシアがなぜこのルートを抑えることにしたかがよくわかると思います。

過去二〇年間のウクライナの小麦とトウモロコシの生産量と輸出量を見ると、いかに急成長していたかがわかります。例えば、二〇〇〇年、二〇一〇年を見ると、この間にかなり数字が伸びて、それを近隣の国あるいは地中海を経て北アフリカなどに輸出していました。二〇年間で、小麦の生産が一三六〇万トンから二九〇〇万トンに、トウモロコシは一七〇〇トンが三万五〇〇〇トンへと、とてつもない生産増でした。ウクライナでここまで生産が増えていると、どのような投資がなされていたのかに関心がいきますが、この辺は日本では見落とされていたようです。

中国はなぜ豚肉パニックを抑え込めたのでしょうか。その背景で、養豚の常識が相当変わり始めています。一〇階建てくらいの高層ビルで養豚がおこなわれており、「豚ホテル」などと呼ばれています。日本で同じことをやったら大問題になるのではないかというくらいのことを、中国はこの数年でやっています。国内生産で足りなくなった豚肉をアメリカから輸入しましたが、同時に、「豚ホテル」をつくって生産拡大をしました。それを機会に、中小の養豚業者は淘汰されました。懸念を覚えるほど、産業構造を大きく変えてきました。

中国を含む農産物の主要生産国の変化の底流にあるのは、農作物は食用、飼料用、そして工業用ということです。食用を確保するのには手段を選びませんが、その際、環境や健康など自他ともに納得しうる理由づけが必要です。自分たちが必要とする食料を確保するための理由を必死に考えているわけです。

もう一つは、新市場開発です。一九八〇年代以降、新製品の開発はおこなわれてきましたが、新しい市場の開発はあまりおこなわれてはきませんでした。しかし、それは車の両輪と考えられています。一方、日本では農作物の基本は食用であり、最近でこそ飼料用米の議論からエサにも許容されるようになりました。しかし、コメの工業利用などとんでもないという感覚はまだあるのではないでしょうか。日本は、大化の改新（六四五年）で律令制度を導入して、コメ本位制を導入して、班田収授法（六五二年）、三世一身法（七二三年）、墾田永年私財法（七四三年）と、この一〇〇年くらいの間にコメを中心としたみごとな国家をつくりました。その呪縛がまだ残っているようです。

日本の自然条件が恵まれていて、もともと大豆や魚類からたんぱく質の摂取が可能で、リアルな肉でなくてもいいのです。したがって代替肉も一種のファッションのようなかたちで受け入れられました。また、決められたルールのもとで最適化をしたり、その中で改善をすることは、われわれ日本人はとても一生懸命やりますが、そのルールをつくることに関しては苦手な方が多いようです。実は、代替肉がファッショナブルでいいといって消費すればするほど、喜ぶのはリアルな肉を食べる人たちです。こうした構造に気づくべきです。

他人任せの食料安全保障

生産と消費がどうなっているのかという客観的事実から考えてみようと思います。貿易数量がどうなっているのか。環境要因には何があるのか。そういうことを見ていくことが大事なのですが、ここに、われわれの思考の罠があります。食料安全保障とは、自分たちで考えていかなければいけないのですが、どうも人任せになっているところがあります。

例えば、昆虫食や代替肉がなぜ出現してきたのかというと、欧米人が必死になってたんぱく質を確保したいからです。日本人は必要に応じて、地域ではイナゴも食べていましたし、畑の肉（大豆）と魚でたんぱく質をそれなりに摂っていました。代替肉は誰にとって必要なのか、われわれにとって本当に必要なのか。代替肉は誰が食べることを想定しているのでしょうか。そこまで考えると、われわれが陥りやすい罠が見えてきます。

　なぜ日本のコメ輸出は伸びないのか。これも同じパターンだと思います。メンタルな面でのブレーキが自然とかかっているのでしょう。そこをうまく解消していければ、日本の農業はまだまだ面白い展開ができるだろうと思います。そのためには、一人一人が覚悟を決める必要があると思います。その覚悟とは、食料安全保障というのは、国家安全保障だということです。「国家安全保障」という言葉は聞こえはいいのですが、一人一人の国民の安全保障ということまでには、実は考えが行っていません。フードセイフティの概念は、国家のセイフティだけではなくて、家計や個人の食料調達をどうするかというところまでも含みます。しかし、いまだに「国家安全保障」という次元だけで考えているようです。食料安全保障は本来、一人一人の食の確保自体が問題になります。「国家安全保障」といった途端に、普通の国民は、それは国がやることだと思ってしまいます。そうではなく、身近な食の確保をどうするかというところから考えていかなくてはなりません。この視点への転換が必要ではないでしょうか。

　そうなると、具体的な対応策をつくって、それを実行していかなくてはなりません。現実は、基幹的農業従事者が一三〇万人です。東北六県では二五万人もいない。かつ、その半分は七〇歳以上です。八〇歳くらいまではなんとか農作業はできるでしょう。現在六〇歳代以上の人たちは、後一五年経つとほとんどが農業の現場にはいなくなると思ったほうが現実的です。そうすると、残った人たちで農作業をしていかなければなりません。タイムリミットは最大一五年です。これを言い始めてすでに五年ほど経っていますから、実際にはあと一〇年くらいです。同じ面積を耕作するのであれば、現在の三分の一以下の労力でできる仕組みをつくっていかなければなりません。そのためには、労働力を毎年一割くらい減らしていくことを計画的にやっていくべきです。そのくらいのことを考えていくべきで、そうでなければ、規模を縮小せざるをえなくなります。

経営学者アンゾフのマトリックスでは、マーケットと製品を古いものと新しいものに分けて考えます。古い製品を古いマーケットで今まで通り売っていると「血の海」での争いになります。放っておくと、日本の農業に限らず全産業が、古いマーケットに新製品を売ろうとしてばかりいるように思えます。理想は新しいマーケットで新製品を売り出していくことなのですが、多くの国が今必死になってやっているのは、古い製品を新しいマーケットで売ることです。ベトナムやタイのコメが新しくなったわけではなく、今まであったコメをいかに新しいマーケットで売るかということです。どうも今の日本は、その労力の多くが新製品を開発して古いマーケットに売ることに集中しているように思えます。これを何とか変えられないかと思っています。いかに今までのものを新しいマーケットに売っていくかということをやっていく過程で、新製品を新市場で売っていくことも取り組んでいくべきでしょう。そう考えると、まだまだやり方はあるのではないかと考えています。

中国では豚ホテルで豚の生産をしています。このように、違った分野で今何が起きているかを知ってほしいと思います。ある食品製造に関する雑誌に、「チキン　ブラジル　ウクライナ」として、この二〇年の大きな変化について書きました。チキンの生産量・消費量が世界で倍増していること、ブラジルの大豆を中国が一億トンの規模で輸入していること、そしてウクライナの穀物生産体制が出来上がったときに勃発した紛争。ひょっとしたら、ウクライナとロシアの戦争というのは、スラブ民族の正当性を争うロシアとウクライナの闘いなのかもしれません。

（みついし　せいじ）

〈質　疑〉

――ロシアのウクライナ侵攻で、それまでウクライナから穀物を輸入していた国は、アメリカからの輸入にシフトしていくのでしょうか。その場合、日本の穀物輸入への影響はありますか。

三石　なかなか正確な答えは出せませんが、一つ言えるのは、ユーラシア大陸を経由しないで輸送することはいろいろな国が考えるということです。例えばインドネシアは、ブラジルやアルゼンチンから直接船舶輸送できます。一九八〇年のアフガニスタン紛争で、アメリカがロシアに対して穀物禁輸をしたときもソ連はアルゼンチンから直接輸入しました。そのように、影響の及ばない所でいろんなことをやっていくと思います。

問題は紛争地域の近隣諸国です。穀物に限らず、様々なインフラ投資で中国との関係を強くしてきただけに、簡単には他の国に輸入先をシフトできません。そうした国は流動的ですね。またインド産が一時的に出てくる可能性はあります。日本は、米国から確実に買えるのであれば、一七〇〇万トンのトウモロコシが多少高くなっても買わざるを得ないでしょう。大幅に少なくなることはないが、価格が高くなることは十分ありえます。

――食料安全保障の観点からは、有機農業振興は無意味なような気がしてきました。

三石　有機農業に限らず、国内の可耕地をいかに活用するかを実施していく必要があると思っています。ロシアの今後の動きはわかりませんが、世界全体の意識としては、できるかぎり自給して足りない部分を輸入する、という認識だろうと思います。

従って、日本で作れるものはそれなりに作っていく必要があるでしょう。そのほうが優先度としては高い。それから、農業生産については、肥料の問題があります。輸入肥料がしっかりと入ってくればいいですが、それが難しくなると、堆肥利用を考えていく必要もあるでしょう。今シーズンのアメリカの作付けを見ていくと、今年は何とかなるでしょうが、来年以降どうなるかも見ていく必要がありと思います。

――新しい市場とは、輸出ですか、それとも国内需要開拓ですか。

三石　両方だと思いますが、敢えて言えば、三分の二は輸出で、三分の一が国内です。国内は人口が減少していくので、マーケットとしても小さくなります。ゼロにはならないものの限られてくる。しかし、新しい使い方ができれば、国内でも可能性はあります。

例えば、産業用素材としてのトウモロコシは多くの分野で使われていますので、コメでも開発できればと思います。コメ生産はかなりマニュアル化されていますので精一杯米を作ってもらって、それを産業用途でうまく使えれば国内需要はまだ開拓できると思います。それにプラスして輸出です。日本では人口は減少していく見通しですが、日本の周りのアジアでは、今後かなり人口が増えます。古いタイプの生産であっても、新しいマーケットがどんどんできてきます。古い製品を少し模様替えして新しいマーケットに売るという手法がまだ使えます。そのマーケットをうまく見つけて入っていけばいいでしょう。コメをそのまま売ろうと思ったらおそらくコスト競争になってしまう。そうでない売り方を考えなければならないでしょう。

――新基本法が施行されてから二〇年が経過しました、食料安全保障の観点からは、どんな点が改正されるべきとお考えでしょうか。

三石　食料安全保障は、もっと個人ベース、家庭ベースで、食の確保という視点を入れるべきだと思っています。

――インドの動きは今後どう見ていけばいいですか。

三石　ヒンズー教徒は牛を食べることに対しては非常に嫌悪感を持ちます。インドでは、それまで各地にあった屠場を整理して、限られた所でしか屠畜できないようになりました。その結果、あぶれた牛肉がアジアに出て、一時的にインドが第一の牛肉輸出国になりました。このように、宗教を原因としていろいろなことが起こるのがインドです。アメリカ農務省は、今年のインドの小麦が豊作だとしていますので、もう少しフォローが必要でしょう。

――インドなどでは、自国の農業生産に力を入れているのか、それとも国際的な農業資本が入っているのですか。ウクライナについても同様です。

三石　インドは両面があると思います。大きな人口を抱えている国ですから、生産・消費ともそれなりのものがあり、なんとか自前で物を作っていかなくてはいけないとは思っているでしょう。しかし、それだけでは足りなくて、政策的に一時的に国外に出ていってしまうこともあります。そこを何とかしなければいけないというところから、まだ統一的な方針が見えてきてはいませんが、余った物は出す、足りない物はとにかく買う、そうしたイメージです。

ウクライナに関しては、いろいろ政治的な要素があるのだと思います。二〇一三年頃、アメリカでウクライナ・スキャンダルがあって、石油などエネルギー関連と政権との関わりに大きな関心が集まりました。アメリカとしても、ウクライナをどうするかを考えたうえで、ヨーロッパと歩調を合わせているのだろうという気はします。今の状況だと、厳しい制裁をすればするほど、もしかすると、逆に日本やドイツが苦しくなってくるので、その辺の綱引きが一段と難しくなっていくでしょう。アメリカ系の資本は表には出ていませんが、確実に入っていると思います。湾岸戦争やイラク戦争の後には、必ず復興の段階でアメリカ資本が入っていましたので、直接的に入らなくても、関係子会社を使ってノウハウを入れて、新しくインフラをつくっていくでしょう。

――個人の視点でも食料安全保障を考えていくべきだとおっしゃいましたが、具体的にはどのようにしていけばいいとお考えですか。

三石　例えば栄養については、たんぱく質は一日当たり何グラムが必要というように、理想的な組合せを考えるでしょう。そうした基準がないときにはどうしたらいいのか。次善の策も考えておくことが大事だと思います。料理をつくる場合に、冷蔵庫の中に何があるかでメニューを考える。その場合、必ずそのメニューにしなければならないというふうになってしまうとおかしなことになってしまいます。

現代のわれわれの生活は、食の外部化が進んでいると言われますが、考え方を変えれば、身の回りのものをうまく活用すればいいということとも言えると思います。ローカル・フードシステムとまでいかなくても、地域で何ができるかを考えることが大事だと思います。都市部はそこだけで自立はできません。そうすると、農業資源はあるが人のいない地域とどう連携するかを考える。そう考えれば、余った物を無駄にせず、作られた野菜や穀物をどう動かすのが一番いいかを考えます。そうしたことから考えていけば、感覚的に、食料を確保するということがどういうことかが見えてくるのではないかと思います。

――代替肉に対してあまり評価されていないようですが、その理由はどんなことからでしょうか。

三石　今、代替肉はとてもファッショナブルで、センスがよく、先進技術の結晶として世に出ています。実は、日本人が喜んで代替肉を食べれば食べるほど、リアルな肉を食べたい欧米の人が喜ぶという構造です。日本人はもともと豆を食べていたわけですから、それでかまわないはずです。ところが、日本人を含めて植物系の者を食べていた人たちがリアルな肉を食べなくなれば、その分だけ、本来の肉食民族の人たちが食べられます。代替肉が最初に海外から入ってきたときに、私は「なぜ」と思いました。日本をはじめアジアの人々にあまり肉を食べてくれるなという肉食民族からのメッセージだと思いました。

―― 二〇〇八年の食料危機のときから、様々な増産のメッセージが出てきていて、実際にかなり増産されています。まだまだ食料増産の余地はあるのですか。

三石　私自身は、トータルで見ればそんなに心配することはないだろうと見ています。心配なことがあるとすれば、品目、生産地、取り扱いが集中していくことです。強靭さという意味では、様々な可能性をもっているほうが変化には強い。

しかし、強力な一か所に収斂していくと、変化に弱くなってしまいます。

例えば、ブラジルでこれほど大豆だけをつくっていていいのかということです。トウモロコシの単収で言えば、アフリカの単収をアメリカのものくらいに伸ばせば、供給は足りるでしょう。理論的にはそうなのでしょうが、現実がそうなっていないということは、やはり過度な集中によるリスクなのだろうと思っています。いわば、抜け道（バイパス）を作っておくほうが、強いのではないかと思います。昔のアイルランドの飢饉は、ジャガイモ生産が一つの品種に集中してしまったことが大きな原因だったと言われています。それは作物の品種だけではなく、あるいは種としてのヒトについても言えるかもしれません。人間が作った社会の仕組みについても言えるのかもしれません。トータルとして見れば世界の食料自給は大丈夫なのでしょうが、それを扱うのがごく限られた一部の人たちであったり、企業であったりすれば、そこにいろいろな錯誤が起こってくる可能性はあります。

―― 食料を増産するとそれだけ地球に負荷をかけることになり、地球温暖化への影響も無視できないと思われますが、いかがですか。

三石 このまま増産に走れば、明らかに負荷がかかってきます。その負荷をより軽くしていくには、一人一人が生き方を考え直すことが必要になります。単純な穀物需給の問題というよりも、われわれの生き方がほんとうにこれでいいのかということです。そうした大きな問題を突きつけられているのです。

―― いろいろな調査を通じて、食料供給事情に関して、危機感をおもちですか。

三石 大学では、「食品企業戦略論」にはたくさんの学生がきますが、「企業倫理」には数人しか来ません。これがすべてを物語っていると思います。つまり、金儲けやいかにモノをつくって売るかには皆とても熱心ですが、倫理についてはなかなかイメージできません。人間が生きてくうえで、ここまではいいがここからさきは自制しようということをきちんと伝えておかないといけないだろうと思っています。

（二〇二二・五・九）

食料安全保障の強化に向けて

自民党衆議院議員・元農林水産大臣
森山　裕

皆さん、今晩は。ロシアのウクライナ侵攻によって、飼料原料がなかなかうまく入ってこないという話を聞くようになりました。そうした状況をうけ、やはり食料問題が一番大事な課題ではないかと、自民党の農林部会で議論をしてきました。経済安全保障も大事ですが、半導体では腹が膨れないということです。そこで、改めて日本の状況を知ろうということから、食料安全保障の検討委員会を開催して、何回か議論をしてきました。そうして、非常に大きな問題だけに、すぐに結論を出すのは難しい、まず、中間取りまとめをしなければならないということになりました。そうして、先だって、中間取りまとめを提出したところです。

今日、明日の問題に早急に対応しなければ、生産者の皆さんが、大変ご心配されています。それに対応していくことも大事ではないかと、今、いろんな議論が進んでいるところです。

一つには、今年の予算の予備費が五〇〇〇億円ありましたので、それをどう使うかという議論がありました。肥料の原料輸送にコストがかかっているということもありましたので、とりあえず、そこに一〇〇億円を手当てをしました。また、肥料価格もかなり値上がりをしてきていて、基金のほうが枯渇しかけていましたので、そこに四三〇億円を積むことにしてはどうかという議論もしました。

また、おそらく参議院選挙が済んだら、急いで補正予算を組まないとなかなか経済が回っていかないだろうと思いますので、そこにもきちんと対応するということで、そうしたところを今から議論を進めていこうということです。

議論を進めていくと、やはり行き着くところは、「食料・農業・農村基本法」がこのままでいいのかということになります。そこもしっかり見直していくことが大事ではないかということで、今回の中間取りまとめの中でそのことを謳っております。

さらに、カーボン・ニュートラルにおける農のあり方はずいぶん違ってきます。みどりの食料システム戦略で、二〇五〇年までに目指す姿と取り組みの方向を明らかにしているところですが、なかなか難しい課題を抱えておりますので、そのことも頭に入れながら、しっかりした対応をさせていただくということが大事なことではないかということです。

現在、小麦やトウモロコシ等の穀物や肥料原料、原油等の国際相場が高騰しております。またロシアのウクライナ侵攻の影響も含めて、食料安全保障の課題を洗い出して検証をおこないました。わが国の農林水産、食品産業が直面する危機に対応すべく、原材料や生産資材の安定確保、価格の暴騰の緩和、海外依存の制限など、本年四月に作成された、原油価格・物価高騰等総合緊急対策を含めた施策を具体化・実施すべきであるという取りまとめをさせていただきました。

肥料価格高騰の背景と対策

まず、生産資材の安定確保と価格高騰への対応をしっかりやろうということでございます。肥料ひとつを見ても、こんなにも外国に頼っていたのかと思うところがたくさんあります。春肥は何とか切り抜けることができましたが、秋肥については、価格がかなり上がるのではないかといわれております。今まで経験したことのないほど上がるのでないかと危惧されます。化成肥料の基準銘柄が五五％くらいの値上げになるのではないかと言われています。単肥についてみても、やはり、塩化カリや硫安は八〇％くらい上がるのではないかといわれています。尿素にいたっては九四％くらい上がるのではないかといわれています。単肥を組み合わせて営農されている農家の皆さんは、大変な値上がりになります。これへの対策をどうするかということについては、早急に結論を出さなければいけないのではないかと思っています。

実は、資材価格の高騰については、平成二〇年にも経験をしております。そのときにどういう対応をしたかと言うと、平成一九年と二〇年の伝票を皆さんに提出していただいて、その値上げ分の七割について補填をしました。今回もそれを参考にしながら、対応していかなければいけないのではないかと思っています。特に秋肥については、できるだけ早く方針だけは農家の皆さんにお示しすることが大事なことではないかと感じております。

なぜ肥料がこういう状況になるかと言うと、その大部分を外国に頼ってきているということが大きな原因ではないかと思います。例えば、リンは中国から九四％くらいを輸入していますが、今年の初め頃から中国からの入荷量が思うようにいっていませんでした。そのため、今はモロッコから輸入する方針に切り替えてきました。モロッコにはたくさんあるので、その選択は良かったと思いますが、日本に運ぶには、中国からであれば三日であったものが三か月くらいかかります。中国からの原料はわが国の肥料工場の近くの港で荷役ができていましたが、三か月のかけて輸送するには、三万トンから五万トンくらいの大きな船でないと効率が悪く、そうした大型船舶はどこでも荷役できるわけにはいきません。したがって日本に入って来てからの運賃や一次保管のための倉庫料など、いろいろなコストが嵩んでくると言われています。そうは言っても、何とかしていかなければなりません。

参考までに申し上げると、尿素は、マレーシアから五七％くらいを輸入していて、中国からは三七％です。これについても、今後どうするかをしっかり考えなければいけないだろうと思います。塩化カリは、カナダからが六九％、ロシアが一〇％、ベラルーシが七％です。カナダからはそう心配しなくても入ってくるだろうと思いますが、いずれにしても、外国に頼っている現状をどうするかということです。

現在利用している肥料原料は、日本にはないわけですが、畜産の鶏、豚、牛等のふん尿の堆肥化をしっかりして、肥料として使っていくという方向性をしっかりやらなければいけないだろうと思います。そのためには、そうとう思い切ってやらないとなかなか実現できないと思います。かなり前に、試みたことがありますが、いい堆肥を作る施設などが少ないので、長期的にはそういうことも考えて対応していくことが、肥料の国産化の推進につながっていくのではないかと思っています。

飼料についても、その多くを輸入に頼っています。トウモロコシは、世界の貿易量の六割くらいを、アメリカ、ブラジル、アルゼンチン、ウクライナで占めています。中国の輸入がずいぶん増えていて、世界全体の貿易量の一割になっています。アメリカ、ブラジルが日本への輸出を止めることはないだろうと思いますので、価格を安定させればなんとかなるだろうと見ています。また、国内で子実トウモロコシをもう少し活用しようということで、今努力をしているところです。なかなか簡単にはいかないようですが、少しずつでも、子実トウモロコシや青刈りトウモロコシの活用を考えていくことが大事だと思っております。この場合、今までのような転作奨励金のほか、経営安定対策のいわゆるゲタの品目としてどう考えるかということもあります。ただ、経営安定対策のゲタ政策というのは、法律との関係もあります。現在は、小麦、大豆、バレイショ、ビート等がその対象になっていますが、今後どう論理づけて、作目を増やしていけるかということも考えておかなければいけないと思っています。

畜産と米作の盛んな地域をつなぐ

皆さん、大豆の国産化を望んでいるようですが、世界の貿易量から見ると、非常にいびつなかたちになっているようです。世界の大豆の輸出量・輸入量は約一億六〇〇〇万トンくらいと言われていて、輸出量の八割はブラジルとアメリカが占め、輸入量に関しては全体の六一%くらいを中国が占めています。そのように、非常にいびつな構造になっているのです。残念ながら、わが国の大豆の自給率は七%から八%くらいしかありませんので、大豆の国産化をどう進めていくのかということを考えなければいけません。その場合、土地改良も一緒に考えなければいけないのではないかと思っております。大豆の市場では、どうしても中国に買い負ける可能性があると思っております。

濃厚飼料は、八八%ぐらいを輸入に頼っており、国産は一二%くらいしかありません。令和一二年度には、八五%まで下げて国産を一五%まで上げていこうという目標を掲げていますが、ほんとうにそれでいいのか、ともう一度議論が必要ではないかと考えています。粗飼料は、輸入が二四%

で国産が七六%、これを一二年度には一〇〇%にしようということにしています。ただし、稲わらが中国からかなり入ってきていて、その稲わらが鋤き込まれています。畜産の盛んな所で稲わらを粗飼料として使うことができ、国内全域で使えれば一〇〇%を達成できると思います。そのためには、畜産の盛んな地域と米作りの盛んな地域とをどうつないでいくかということが非常に大事なことではないかと思っております。稲わらは、国内で六八一万トンぐらい毎年発生していますが、そのうち国内で使っているのは七〇万トンくらいで、あとの五五一万トンのうち八一万トンは鋤き込みに使われています。そのために、中国から稲わらが入ってきているわけです。その稲わらの値段もだんだん上がってきていて、さらに安全性を考えれば、やはり国内でしっかり供給するほうがいいのではないかと思っています。

　国内でどうしても頑張っていかなくてはいけないのは、やはり米の問題ではないかと思います。米は、主食用米が一八〇万トンくらいであれば価格は安定していますが、それを超えると値段は下がります。これを何とかしないといけないと思っております。方策の一つは、米粉にするという選択で、農水省もそれなりの努力をして、研究機関でも試験研究をしてきています。そろそろ、思い切って政策を打ち出しておかないといけないのではないかと思っております。瑞穂の国として、水田のフル活用が大事で、米粉に適した品種を作っていくことが大事だと思っています。米粉にもいろんな製造方法があり、例えば蒸したり、いったん炊いて粉にすると性質が違ってくるようです。もっとも、メーカーに関心をもっていただかないとなかなか前に進みません。米粉にしっかり取り組んむ意向をもっているメーカーもありますので、そういうところとしっかり組んで、まず先発させていくことが大事だと思っております。さらに、グルテンフリーの市場がずいぶん伸びてくるといわれていますので、それも含めてコメ政策を考えていくことが大事だと思っています。いずれにしても、米農家の皆さんにご理解をいただいて、施策を進めていくことが大事だと思っております。

希薄な農村振興、基本法の見直しへ

現行の食料・農業・農村基本法には、食料安保の考え方が非常に希薄だという気がします。例えば、肥料や農薬など農業資材の安定的確保の視点が稀薄ではないかと考えています。安定的に輸入できることを前提として、今の基本法はつくられているのではないかということを懸念します。

また、食料自給率の向上がしっかりとした目標としてなければいけないのではないかとも思います。それと、担い手に傾斜した農業構造を目指しているように思え、地域を支える人材の視点を基本法の中でもしっかり位置づけていくことも大事だと思っています。経営安定対策は財源がなくてはいけないのですが、なかなか生産者が価格決定に参加できないのが難しいところです。ここもしっかり議論をさせていただいて、一つの結論をみなければいけないと思います。

最近、ＥＵが、「農場から食卓」という法律をつくりました。それも参考にしながら、わが国の基本法のあり方も考えていかなければと思っています。フランスは食料自給率が一二五％の農業大国ですが、消費面、特に小売を見ると、上位五社で八五％のシェアを占めるそうです。一方、日本は二〇％、イギリスでも六五％です。大手小売店のシェアが非常に高いのがフランスの特徴と言えます。フランスは、一応、新しい法律はできましたが、今のところ、その効果はあまり表れてはいないと見られています。もっとも適正な取引に向けて、契約の自由化やコスト・価格の監視強化がおこなわれているようです。われわれも、そろそろ勉強をしておかなければいけないだろうと思っています。流通において、農業者のマージンをどう観測するかということについては、農業食糧省によって、基本的な品目について、生産コスト、産業価格、消費価格、流通コスト等サプライチェーンでの付加価値を分析することになっているようです。毎年六月ころに、価格に関する報告書が議会に提出されるようです。自己労賃などの経費を含めると、ほとんどの分野で、農家の販売価格はそのコストをカバーできていないようですので、法律をつくったからすぐにどうにかなるというものでもないようです。

現行の基本法では、経営安定対策にコストの概念が薄いのではないかと思っています。また、消費者のための食料政策としての視点も少し弱いのではないか。そして、環境との調和の視点はほとんどない感じがします。農業基本法の見直しにあたってはこういうことをしっかり議論しなければいけないと思います。

また、農村振興の考え方が、非常に希薄なのではないかとも思っています。六次産業はいいのですが、そこから農村への人の呼び込み等の視点が、今の基本法にはないのではないかという感じがいたします。特に中山間地の直接支払い制度にあたっては、日本型直接支払いの視点をつくっていくことが大事なことではないかと思っています。国土防災・減災の視点が稀薄なのではないでしょうか。農業の生産性の向上を促進させるため、農業基盤の整備に必要な施策を講じるということを基本法にしっかり謳っておくことが大事なことだと思っています。

食料産業、特に川下産業を農業とどう結合させていくかという視点も非常に弱い気がしますので、このこともしっかり基本法の中で謳っていくことも大事だと思います。また、農業団体が果たす役割の視点もよく議論をしなくてはなりません。今までは、団体の再編整備のみがおこなわれてきたような気がします。

このような点が、食料・農業・農村基本法についての議論のたたき台になっていくのではないかと思っています。

基本法の改正など今後の取り組み

四月下旬には、検討すべき項目に対する政府としての対応方針をしっかり確認していかなければなりません。九月ころには、食料安全保障のための、食料・農業・農村基本法の検証を始められればと思っています。そして一二月には、政府の活力プランも中で基本法の検証についての提言ができればと思っています。さらに、令和五年の七月ころに中間取りまとめができ、一二月ころには審議会が開催、令和六年の通常国会に改正案が提出できれば大変ありがたいと思っています。

このとおりにいくかどうかはわかりませんが、基本法の改正について取り組んでいかなければならないと考えております。差し当たりは、今の肥料の問題をしっかり議論して、どのくらいのコスト増が見込めるのか等々を詰めをさせていただくことが大事だと思っています。

（もりやま　ひろし）

〈質　疑〉

―― 予算面での食料安全保障対策は具体的にどのようなものをお考えですか。

森山　農業関係の予算は農林水産省の予算と、あとは補正で組んだものという二本立てになっています。ただ、食料安全保障を考えるときには、いろんなことを変えていかなければなりませんので、やはり別枠の予算をしっかり立てて、その中で、五か年計画、一〇か年計画などを立てながらやっていくことが大事だと思います。毎年、毎年、食料安全保障のための予算がこれだけあるということがわかるようにしたほうがいいでしょう。恒常的にやっていかないと、なかなか体質は変わらないのではないかと思っています。

――学校給食を中心に、もっと米粉パンを普及させたらいいのではないでしょうか。

森山　パン業界の方々がかなり熱心に取り組まれていると思っています。例えば、地域で穫れた麦でパンを作るといった努力もしていただいています。米粉でパンを作れるということになれば、学校給食に使っていただくことも一つの方法かもしれません。パンとして、消費者からも評価をいただける品質のものをつくれるのではないかといわれていますので、より良いパンを作れるように頑張らなければならないと思っています。

私の地元は鹿児島で、手前みそになるかもしれませんが、米粉は今まで鹿児島の製粉工場でつくった米粉がいちばん評価が高かったのではないかと思います。何故かというと、米粉が良くないと、かるかんというお菓子が上手にできません。薩摩川内に小城製粉という会社があって、ここはお菓子製造と製粉をしていて、ヨーロッパにも以前から輸出をしてきたように、以前から米粉の技術を持っていたようです。もっとも、蒸すあるいは炊くというところは、まだまだ発展途上のようです。今大々的にそうした研究が進んでいます。主食米に使わないために予算を使っているわけです。

――ゲノム編集など新たな技術を活用することで、食料安全保障に寄与することは考えられますか。

森山　食料では、あまり未知の分野に挑戦しないほうがいいのではないでしょうか。

――　国産食料の消費拡大のためには、賃上げを含めた所得の向上が必要ではないでしょうか。特に、現在は円高の影響もあって、購買力が大きく低下しています。自民党としてはどう考えているのでしょうか。

森山　総理も賃上げは非常に重要だとおっしゃっていますから、その通りだと思います。ただ、利益が出ないとなかなか賃上げもできませんので、どこかで歯車が回り出さないといけないと思っています。できれば、賃上げのできるような状況になることがいいと思います。

――　昨年示された長期的な戦略としての「みどり戦略」と、今回の飼肥料原料への一時的な対策などは整合性がとれているのでしょうか。

森山　そこは非常に大事なところで、整合性を意識しないといけないと思っています。みどりの食料システム戦略でも、例えば農薬や肥料の削減の目標があるわけですから、そこは達成できるように辻褄が合うことにならないとまずいだろうと思います。ですから、家畜のふん尿等をどう堆肥化するかなどについて頑張っていかなければならないと思っています。

――　短期的な対策と長期的なみどり戦略をつなげていくような措置、あるいはスケジュールを示す必要があるのではないでしょうか。

森山　それぞれの目標を達成するためにどういう手順でやるかは、しっかり決めていくと思います。例えば農薬については、二〇五〇年までに半減しようということですので、農業自体をどうしていくかということとも関連があると思います。自分だけ、一人の農家だけでできることではないですから、皆で一緒にやらなければいけないこともあります。そういうことを、しっかり組み合わせていくことが非常に大事なことではないかと思っています。

それと、化学肥料の使用量を二〇五〇年までに三〇％減らすということですから、どのようにいい堆肥をつくっていくかということとも関連があると思います。そういう結び付きを考えることも大事だと思っています。耕地面積に占める有機農業の割合を二五％に拡大するということは、そうとう努力しないと達成できないと思っています。ただ、農家の人たちが集落ごとに取り組んでもらわないとできないこともあるかもしれませんから、そこはそれぞれ詰めていくということになると思います。

――基本法の見直しに関して、多様な担い手のかたちにもっと踏み込んでもいいと考えますが、いかがでしょうか。また、みどり戦略との関係では、直接支払いなど現行の経営安定対策との整合性はどうでしょうか。

森山　日本型直接支払いについては、今のところ中山間地への支払いということですから、中山間地といわれる農村部にどう導入できるかという視点も大事だと思っています。そうしないと、消滅する地域も出てくるのではないかと懸念します。また、担い手に傾斜した農業構造を目指すことは大事なことだと思います。やはり、農地を支える人材という視点で考えることが大事だと考えています。

――今回の基本法の見直しは、むしろ抜本的な改正に見えます。法律の名前を変えるつもりはおありでしょうか。

森山　今から議論をしていくところですが、たしかに農業そのものが変わっていかなければなりませんし、農村が変わっていかなければなりませんから、そういうことを考えていくということだと思います。今日は、農林水産省の皆さんも見えていますが、農林水産省はぜんぜん関わっていませんので、心配しているんでしょうが。それはそれで意味があると、私は思っています。

――担い手に農地が集まるようにするには、所有権の問題は避けて通れないと思います。そこまで踏み込むような法律改正を考えているのですか。

森山　農家の皆さんの農地に対する執念というのにはたいへん強いものがあります。先祖から譲り受けている農地という考えもあります。ただ、もう自分で耕作できないので、耕作をしてくれというケースが非常に多くなりました。ひとつの時代の流れだと思っています。農地のことを法律で縛るのがいいのか、ゆるくまわしていくのがいいのか、非常に難しい課題だと思います。農村文化を考えると非常に難しく、踏み込みづらい部分ですが、所有権を制限する方向に流れていることは間違いないでしょう。売ることはできないけど、耕作はしてください、というところに、今、流れがきているように思います。

――食料安保を考えるときに大事なのは自給率です。そのためには、農業生産者だけでなく、消費者、需要者とともに、自給率向上に向けての行動が必要だと思いますが、いかがでしょうか。

森山　食料安全保障に関して、近々、総理にお会いすることにしています。総理に現場の実情をしっかりお伝えして、ご理解をいただかなければならないと思っています。安いものを外国から輸入すればいいという発想もありましたが、なかなかそうはいきませんというところにきています。食料自給率は、必然的に上がっていくようになっていかなければならないと思います。一ポイントでも上げる努力しなければならないと思います。

――農村振興や環境支払などについては、野党にも共通した考えがあるのではないでしょうか。その意味で、野党と一緒になって枠組みをつくっていくつもりはありませんか。

森山　土俵を一緒につくるところまでは考えていませんが、農林水産委員会では比較的まとまっていると思います。農林水産業に関しては、政党はあまり関係ないように思いますね。政党が変わったから今年は米がたくさんできるという話でもありません。与党とか野党とかをあまり意識しなくていいと思います。実際、現場ではよく議論をさせていただいて、運営をしてきています。

――せっかくつくった基本計画に実効性がなかったところに、今の基本法の課題があるのかもしれません。その点で、基本法の改正はどう考えていますか。

森山　それは大事なことで、私は、ＴＴＰが大筋合意をした二日後に農林水産大臣に就任しました。ＴＰＰは、国民の皆さんの間にも賛否がありまして、当時の安倍総理からのご指示は、まずＴＰＰというものをよく国民に説明してほしいということでした。そのためにも、地方に出かけて行って議論を重ねるということが大事だと思っています。やはり、政策は現場にあるような気がします。

――日本農業で最も危機的なのは労働力です。今後ますます少なくなる労働力でどう生産性を維持あるいは向上させていくのか、その対策をお聞きします。

森山　私の地元でも、大きなスーパーと契約栽培をしてきた経営者が、外国人研修生がいつ戻って来るのかがわからないと契約ができないと言っていました。農作業の大部分をそうした労働力に頼っているのが実情です。

一方、機械化もずいぶん進んできていて、特に変わってきたのが米づくりです。背広を着て革靴をはいて田植えができますし、収穫もできます。昔は、一族郎党が集まって田植をし、刈り入れもみんなでしていました。そういう時代から見ると、労働が機械化によってずいぶん改善されてきたと感じます。その方向性はしっかりしておかなければなりません。今では、ドローンで農薬を撒いたり、病虫害の発生を監視したりでき、その取り組みもずいぶん進んできました。こうした機械化の進み具合は、日本農業が家族経営中心であることも関係していると思います。外国のように、農園経営者のもとで働く農業労働者というのではなく、家族で一緒に作業をしていることから、それに応じた機械化が進んできたのだと思います。機械化を進めていかないと、労働力問題は解決できないでしょう。ただし、畜産は若い人たちがずいぶん入って来るようになり、女性の畜産家も増えてきているようです。

――飼料用米については、政策的に今後どう対応していくのでしょうか。また、トウモロコシのエタノール利用についてはいかがですか。

森山　コメは、できるだけ米粉にシフトしたほうがいいだろうと思っています。小麦は国産ではなかなか難しいところがありますし、出来高が年によってそうとう差があり、生産が安定していません。米粉をしっかりやることが大事だと思っています。燃料利用についても議論はありますが、どれくらいの多収穫米ができるかがポイントだろうと思っています。カーボンニュートラルの世界を目指して、飛行機も植物性の油を使うケースが出ているようですから、そういう意味では、農産物の新しい利用分野が開けてくるかもしれません。もっとも、コメについては、どうかな、とは思いますが。

――自給率のあり方そのものの見直しは考えておられますか。また、肥料の国内生産についての具体的な見通しはあるのですか。

森山　自給率の話は、いろいろな政策を打って、その結果としての話だと思っています。目標を定めてそれに向かっていくということも大事ですが、いろいろなことをやってはじめて自給率が上がってくるということだと思っています。

肥料については、下水汚泥の利用に成功している自治体もたくさんあります。例えば、鹿児島の水道局の下水汚泥を使った堆肥はよく発酵していたようです。当初は水銀の含有を心配していましたが、病院に体温計が割れても水銀を下水に流さないことを徹底したら、下水に水銀はほとんど含まれなかったと言います。

――自民党として、食料安全保障の視点で基本法の見直しを検討していくものと思いますが、農水省施策との関係などは今後どのように詰めていくのですか。

森山　基本法の議論はあまりゆっくりしてはいけないだろうと思っています。できるだけ急いで議論を始めることが大事だと思っています。九月頃からしっかり検証を始めたいと思っています。その後一二月になると政府の活力プランが出てきますので、基本法の検証についてひとつの考え方を示せればと思っています。そうすると、令和五年の四月ころまでに、農業・農村の委員会の中間取りまとめができればありがたいと思っております。一二月までにはとりまとめを終えて、六年の通常国会で改正案の議論ができればありがたいと思っています。いずれにしても、あまり猶予のある話ではないと思っています。

――昨今の国際関係の不安定さ、地球環境問題、さらに農業構造が非常に危機的です。こうして深刻な状況になってくると、農業政策を抜本的に見直す必要があると思います。それは、必ずしも農政だけで済むものではありません。国全体で取り組んでいくような議論は党内では出てきていますか。

森山　食料安全保障というのは農業だけの問題ではなく、国民の課題だということはしっかり認識していると思います。私は、西郷南洲翁の遺訓のなかでいつも思うのは、西郷南洲翁の遺訓に、「政（まつりごと）の大体は、文を興し、武を振るい、農を励ますの三つにあり」があります。農を励ますという言葉は、非常に重たい言葉だなと思います。西郷南洲翁は鹿児島のいろんな所に行って、狩りをされていたといわれていますが、そうではなくて、現場をずっと見ておられたのだろうと思います。そこから生まれた「農を励ます」という言葉は非常に重いと思っています。

（二〇二三・五・三〇）

食料供給基盤を守る農業現場の取り組み

株式会社さかうえ 代表取締役
坂上　隆

みなさん、こんにちは。株式会社さかうえの坂上です。よろしくお願いします。

当社は、私が二四歳のときに農家の息子として帰ってきて始めて、その三年後に会社にしました。今年で、会社は二九期に入ろうとしています。前期は売上が一〇億円を超え、今期は一五億円を目指しています。従業員も今期はじめには一〇〇名を超え、圃場も一八〇㌶ぐらいを管理しています。

経営のこれまで

現在の経営は以下のような内容です。農地面積は一八〇㌶、そこに露地野菜と施設野菜、飼料作物。さらに黒毛和牛の放牧と牛肉の販売、野菜の流通をやっています。自分のところで、生産しているものは、バレイショとケール、ピーマン、胡瓜、茄子です。流通に関わっているのは、ダイコン、ハクサイ、サトイモ、ゴーヤ等です。販売の方法は、野菜については、契約による加工向けと青果用で主にスーパー向けがあります。飼料作物は、畜産農家に販売しています。肉は、ＥＣサイトであったり、生協、レストランなどが大きな販売先です。

私の目指すところは「農業で幸せを創る」ということです。ただし、それは、自然の中で自己実現をすることでもあり、それが幸せにつながると思っています。お客様に、農業を通じて幸せをお届けする。そして、農業価値を変えることで、地域社会に貢献する。この三つの想いで取り組んでいます。

今はこれくらいの規模になりましたが、農家の息子として帰ってきた当時は芝生の生産をしていました。当時はちょうどバブルの頃で、納品先はゴルフ場でした。地元の大隅半島ではけっこう盛んで、芝生農家も当時は多かったのです。ただ、バブルがはじけて、需要も少なくなりました。芝生の生産は、夏は忙しいのですが、冬は作業も少なく、労働力調整で冬場には漬物大根をつくっていました。私もまだ若かったので、漬物大根をつくるよりは、青果の大根のほうが高く売れるだろうと思いました。今ならインターネットを使えば比較的容易に市場調査もできますが、当時はできませんでしたので、新聞から相場の流れを自分で考え、来年は上がりそうだと思って、青果大根を一生懸命つくりました。ところが、家一軒分の損を出しました。一本一〇〇円の単価を狙ってつくったのですが、神戸の市場にトラック一台分を仕立てて送ったのですが、実際は段ボール一箱五〇円にしかなりませんでした。大根一本が五円だったんです。そのように、市場の波に呑まれました。結局、漬物大根をつくっていればよかったのかもしれません。まだ、技術的に追いついていなかったのです。そこで、そういう不安定な経営はいけない、高く売るよりもいかに安定させて、損をしないかを目指しました。失敗を早い時期に体験したのが、その後の自分の経営姿勢の根幹にあると思います。

自らシステムづくりに

普通、農家は自分のつくりたいものをたくさんつくります。しかし、市場をみると、高いときがあったり安いときがあったり、あるいは流行り廃りもあります。したがって、何でもつくれる技術を身に付けようと思いました。そうして、現在の農業のやり方にたどり着きます。バレイショは、カルビーのポテトチップス向けにつくっていますし、ケールは青汁メーカー向けに、無農薬・有機でつくり、大根はセブンイレブンに納めるものをつくっていました。一時は、全店舗の一七％ぐらいを占めていたこともありました。大根を一年中供給するためには、毎日植えて毎日収穫するというところをいかにマネジメントできるかが大事でした。野菜の出荷を均一にするためには、毎日管理します。そこで何が大変かというと、春から夏にかけては三〇日、冬にかけては一二〇日と生育期間が違います。周年で出荷しようとすると、出荷日を逆算して定植をします。そうすると、様々な工程が入り組んで、そのマネジメントがしっかりできないと、安定供給ができません。いろんな作物をつくりましたが、最初の一〇年間でそうした管理を非常に頑張りました。

　複雑になった作業は、その関係性を明確にしないと、従業員が理解できません。そこで、システム化の必要性を考えるようになりました。私が農業に入ったときは、まだパソコンは一般化していなくて、ウインドウズ95とか98というソフトがようやく一般化し始めたときでした。手書きのメモを使い、写真は現像して紙に焼き付けるということをやっていました。パソコンができ、ソフトを使って表計算が簡単にでき、写真もそれほどコストをかけずに撮影できるようになりました。さらに、表計算ソフトや写真などを関連づけるため、基幹のシステムをつくらなければなりませんでした。今では農業のＩＴ化が進歩してきていて、管理のためのシステムが用意されていますが、当時はあまりありませんでした。そこでシステム会社に開発をお願いしたところ、見積額が二億円ぐらいでした。当時、私の会社の事業規模が二億円くらいでしたから、そんなに払えません。どうしようかと考えていたら、一か月ぐらいして、その会社が二千万円でいい、ただし、版権は欲しいといわれました。

　そのとき、優秀な人がいても、お金があっても、土地があってもだめで、ノウハウをいかにしっかりとつくりあげていくかということが重要だろうと思っていました。また、当時、大きな一般企業が農業に参入してくる例が見られるようになっていましたが、数年すると撤退することもよくありました。農業も大規模化が進んできて、システム化が進むと、いつか大資本にやられるかもしれない、金があれば何でもできるようになってしまう、それに対峙しなければいけない時代がくると思いました。そんなこともあって、そのときは、システムづくりを頼むのはやめにして、自分でつくることに決めました。つくりあげるのに、三年かかりました。当時一〇万円くらいしていた農業簿記会計ソフトを買うお金もなかったので、マイクロソフトのアクセスというソフトで会計ソフトをつくって、実際に運用していました。そうしてつくったシステムが二〇〇八年から稼働し、今でもずっと使っています。そういう仕組みがあったからこそ、新しく会社に入ってきた人にも過去のノウハウを入れられて、それを生かして、今に至っていると思っています。

新たな挑戦へ

一〇年くらいやってきて、だいたい何でもできると感じていました。そこそこの所得もできるようになり、一生懸命頑張った成果だとは思いましたが、実は、空虚感みたいなものも感じるようになっていました。これからどうしていこうかなと思ったときに、ちょうど子供も生まれました。そして、地球シミュレータというスーパーコンピュータで、地球温暖化をシミュレーションできるようになり、地球温暖化が声高に叫ばれたときでした。今みたいに穀物価格が高騰していたときでもありました。そこで、二酸化炭素をいかに吸収して、地球に優しい取り組み、排出権取引みたいなことができないかということを考えました。

農業で、土づくりは物理性、化学性、生物性の面があり、物理性と化学性については機械を使ったり、化学肥料を入れることで整えることができます。ただそれを続けていると、病気に弱くなったり、大地のエネルギーを感じられなくなります。やはり、生物性の面をしっかりマネジメントできるようにすると、生産性が飛躍的にあがります。そう考えるきっかけが、良質な堆肥を投入して、土の微生物を整えたことでした。うちでは野菜しかつくっていなかったので、畜産農家の堆肥が必要でした。そこで、デントコーンをつくって畜産農家に供給することで、代わりに堆肥を手に入れることができるようになりました。加えて、デントコーンはC４作物なので、二酸化炭素の吸収が多く、カーボンサイクルにも寄与できます。

また、チャンスをつかむためには、技術だけではなくて、土地がある程度ないといけません。例えば三〇㌶耕作している時に新しく注文が入ったら、更に一〇㌶土地が必要だということになります。土地を貸してくれる人がいれば、自分たちのビジネスができる。そういったところを企業としては考えていかなければなりません。ところで、農産物の一番の問題は、足が短い、つまりすぐに腐るということです。サイレージ化することで、時間を手に入れることができます。

そうして、いろいろな課題を解決していくと、相乗効果をもった仕組みができるようになります。

私は、これをビジネスモデルと考えました。私の課題、農業の課題、地球規模の課題、いろいろ課題を一緒に解決できるのではないかくらいに思いました。当時は、野菜農家が飼料をつくってどうするんだといわれましたが、それを続けることで、取引先が増えたり、いろいろなメディアで紹介され、お付き合いの幅が広がりました。

人を育てる

もうひとつの経営の課題は、人を育てることです。先ほどのビジネスモデルができるころから新卒採用を始めました。採用にあたっては、作業担当、工程担当、作物担当、農場長というようなスキームをつくりました。いろいろなアイデアがあっても、それを実施する人がいないとできません。そういう意味で、そこからしばらくは、組織づくりにエネルギーを使った時期でした。

従業員の教育には、普通、手順書をつくりますが、手順書だけではなくて、考え方のマニュアルもつくりました。作業の手順だけを教えるのでは、やり方を教えてくださいという人間しか育ちません。そこで、考え方も一緒に伝えることによって、創意工夫も生まれてきます。そういうふうにすれば、人材は育てられると思いました。こんなことをいくつか試行錯誤してきました。さらに、権限を与えて計画をつくらせたり、予算を持たせたりもしました。機会を与えて課題を与えたり、あるいは、会社の経営の理念を社員全員に伝えることもしました。こういう取り組みを十数年やってきて、ようやくかたちになってきたかなと思っています。

経済学の視点から

　私は、四二歳から八年間、九州大学大学院にお世話になりました。自分の頭のなかには、こうすればいいというのはあるんですが、それをうまく人に伝えることができない。例えば、経済学者の人たちが使っている言葉を理解し、使えるようになることで、考え方を伝えられるようになります。それが目的で大学院に入り、その結果、なんとか頭の中を整理して話すことができるようになりました。

　これまでのような顕在的な需要に対応することから、より潜在的な需要、新しい需要の創造をいかにできるかが、農業界に求められています。なぜか。人々の欲求は常に変わります。時間軸でも変わるし、その人の成長によっても変わる。人が生れて死んでいくなかで、断続的に世の中は変わっていき、常に一定ではありません。その欲求を掴まえるのがマーケティングであり、その欲求に応えるのがイノベーションです。この二つをきちんと理解して、欲求を捉えて、マーケティングをし、需要にあわせてわれわれがどうイノベーションできるかが大事です。顕在的な需要から潜在的な需要の開発へ進み、そこに需要の創造が生まれ、価値も生まれてくるのかもしれません。やはり、考え方を変える、つまりイノベーションをしていくことが重要だということがわかりました。

　会社は誰のものでしょうか。会社の目的は、ステークホルダーの要求を最大化することです。顧客満足の創出のための手法として、どういうイノベーションをしていくかということです。プロダクト、プロセス、マインド、それぞれのイノベーションが考えられます。プロダクト・イノベーションは製品を変えること。プロセス・イノベーションは物事のやり方を変えること。そして、マインド・イノベーションは人の心得を変えることです。この三つの観点から、顧客の満足を創出するイノベーションを起こさなければなりません。そのイノベーションを起すために必要なことが、情報のマネジメント、人材のマネジメント、そしてリスクのマネジメントです。こういった一連の考えが整理できたのが、大学での成果でした。八年間を費やしても、こういったことが整理できたのがよかったと思っています。

一定の規模は必要

では、農業界でどうイノベーションを起すのか。以下は、大泉一貫先生によります。農業者は減っていますが、売上規模別にみると、一千万円以下の人たちが九割、一千万円～五千万円の人たちが九%くらい、五千万円以上の人たちが一～二%です。一方、二%の人たちが半分以上の農業産出額を上げていて、九割の人たちは二割しか産出していないことになります。小さい農家がダメというわけでないですが、ある程度大きな力をつけて、いろんなことをやっていくことが自明の理だと感じています。いろんなことができるという意味で、こういう世の中の流れを把握したうえで、やはり一定の規模は必要だと思っています。

ＧＤＰ比でみると、農業は他の産業の三分の一の労働生産性でしかありません。どうやって労働生産性をあげるかという点でも、われわれが雇用して、若い人たちに夢をもたせるということが大事になると思っています。実は、うちの会社の社員の半分くらいは県外からの人です。農業をやりたいという非農家の人や、実家を継ぐまでうちで修行するという人、あるいは自分で農業ができたらとうちから独立する人、いろんな人がいます。もちろん、地元のパートさんもいます。子どもをもち、短い時間でも働いている人もいます。いろんな雇用の形態を考えて、多様な働き方に対応するような仕組みを変えました。そうしたら、今年、採用が五〇人くらいになりました。今後、あと数年で、数百人の規模になると思っています。

もう一度、生産性について考えてみます。大泉先生も指摘していますが、農業の生産性は、全体では非常に低いといわれているが、地域でみるとずいぶん格差があるということです。例えば、宮崎や鹿児島は非常に生産性が高いです。市町村別にみても、大崎町や別海町は非常に高い生産性を発揮している。全国、県、市町村の間でもずいぶん差があるんです。そう考えると、まだまだできることはあると考えています。経営学からみると、自分が今どれくらいの発展段階で、今後何が起こるかもある程度予測できますので、そういうことを頭に入れながら、経営の課題を潰していくことが大事だと思っています。

今後の考えは二つあって、一つは農業というビジネスをどうやっていくかということ、二つは組織としてどう発展していくかということです。先ほど、経営指針として「幸せになるため」と申しましたが、経営の主眼は、「人と組織をつくる、人も強くなり組織も強くなる、社員の物心両面の満足と所得向上、そして労働分配率五〇％」です。今年の中小企業白書をみると、労働分配率は小規模企業で九〇％近く、中企業で八〇％、大企業になると五〇％になります。ということは、人件費分くらいの利益があることが、安定的に組織を運営できることにつながります。

やはり人は経営資源

しかし、わが社の場合、流通まで業務を広げていますので、売上高経常率がある程度低くても大丈夫です。そう単純には判断できないと思います。むしろ一番重要になってくるのは、人で、それが最も重要な経営資源になるだろうと思います。

私は五〇歳になりました。農業承継には一〇年くらいかかるといわれ、これから事業承継をどうやっていくかが大事になってきます。まず、再現性の高い専門家集団をつくって、もう少し人員を増やします。なぜ人員を増やすかというと、仕事が多岐にわたるので、一つの仕事を一人でするよりも複数でしたほうが再現性が高いこと、そして相乗効果が得やすいことがわかってきたからです。直近の目標では、最低二〇〇人くらいいないと経営は強くなれません。多くの部門を抱えることで、強みの発揮と新たな能力の発揮が可能になります。そうやって、ある程度事業の幅を広げ、複数人員で回していくことによって、人が強くなり、柔軟性といった能力も開発できると思います。

部門化・分社化を進めることも重要だと考えます。組織の発展段階の重層化体験による人材育成です。これはどういうことかというと、組織も人も発展段階がある、その発展段階を体験することが役に立つということです。今売上一〇億円の会社であれば一〇億円という発展段階です、部門の中には創業期の部門もあります。そうすると、その部門の長は、創業期の発展段階の体験と、組織での成熟した発展段階というのを一緒に体験できる。一人で一から経験するよりも、重層的な体験をすることで、かなり早い段階で成熟できるということです。

また、事業提携によって、事業成長と人の成長とのずれに対してバッファ機能をもたせることができます。いろんなことを会社のなかで全部やると、人の成長と事業の成長が同じとはかぎらないので、そこに齟齬が生じることがあります。いいビジネスがあってもそこに人をあてなければ実行できないし、能力がそこまでいっていない人に過剰な負担をかけても続きません。人中心の経営をするとはいっても、人が手当てできないから仕事をやめるというわけにはいきません。農業全体ではやめていく人が増えていますが、一方で一般企業とも提携しながら、事業を進めていく必要もあります。一つの会社の中だけで事業をするのではなくて、会社の外でも事業をするということです。外にあっても、自分の会社だと思ってやればいいのです。

今、資源の循環を考えて、農業だけでなく畜産もやっています。耕作放棄地が中山間地域で増えてきていますが、そこを、平場と同じようにトラクターを使ってやるとコストがかかります。そこで、牛に耕やしてもらう。施設野菜では、今は化石燃料を使っていますが、これもバイオマス利用などに転換をすることによって、資源の循環をするようにします。そのように、持続可能で相乗効果の高い事業構築をしていきたいと考えています。

販売面では、南九州地域の産物を全部売るくらいのつもりで考えています。うちでは今はピーマンの販売が主ですが、ナス、きゅうり、ダイコン、ハクサイ、キャベツなど地域のものも一緒に販売していきます。そうすることによって、物流の効率化もできます。お客さんの信用の下、自分の生産しているものだけではなくて、一緒にほかの品目もいれて販売することで、相乗効果を図っていくことをしています。どんどんつくって、まず積極的に売っていくことです。

放牧で里山牛の生産をしています。加工場も併設して、生産した肉を一〇〇％販売しています。このような加工への参入は、これからの農業は国内消費だけではなかなか難しいので、輸出へ向けた足がかりとしたいと考えています。また、一般的な畜産は、自分のところで飼育して、あとは市場に出荷します。つまり、海外からの穀物をエサにしてある程度大きくした家畜を流通に乗せてきたわけです。でも、サシの多い肉は消費者もそんなにいっぱいは食べられません。今、ロシアのウクライナ侵攻もあって、穀物の価格が高騰しましたが、外国の飼料に頼っていたら、なかなか経営は安定しません。食料供給のリスクでもあります。その問題に対応した、私なりの答えとして、堆肥用に資材を畜産農家に販売しています。少し穴の空いた薬物などを家畜に与えます。そうして、リスクに対応しています。↑内容要確認？？

このように、ビジネスモデルと事業基盤としての組織をきちんとすることで、広域事業の構築を目指すことが今後の戦略になっています。具体的な対策としては、農業技術の標準化、作業の効率化、そして生産基盤の土地をしっかりと確保することです。いろいろな部分に、リスクをマネジメントしながら投資をしていくことによって、様々な社会課題を解決していければいいと考えています。

アグリバレー構想

せっかくここまで経営が続いてきたので、そのノウハウをパッケージ化して、移転できるような再現性の高いものにできたらと思っています。一般的な農家は、労働もするし経営者でもあり、自分で資本も出す、この三つを一人で担っています。一方、大企業になると、株主がいて、雇われ経営者がいて、社員がいるというふうに分業化されている。これを農業版でと考えたのが、ここのアグリバレーの考え方です。いわば、農業版のシリコンバレーです。例えば、農業をやりたいという若者がうちにくる。彼らのなかで経営者になりたいという人もいれば、経営責任はもてないけど限られたことであれば得意だという人もいるので、そういう人にはいろいろな役職に就いてもらう。

そこに、農業に参入したいのでお金をだしたいという人もこれからどんどん増えてくると思います。農業版のシリコンバレーができたら、そこにいろいろなチャンスがあって、たとえ失敗してもまたチャレンジできるようになればいい。それが、産業として一番活性化できる。そういったことが、今後、イノベーションを起す人のきっかけづくりになっていくと考えています。

　私は、三〇歳代のときデントコーン生産に踏み出し、四〇歳代ではピーマンの日本の生産量の一割を供給するビジネスモデルを構築しました。ピーマンの生産は一一〇〇トンで、来年には一六〇〇トンになります。今日本で流通しているピーマンは一四万トンなので、一％ぐらいはできるようになりました。システム化されたので、あとはどんどん拡大していけばいい。一方で、耕作放棄地の再生と健康的な肉をつくることにもチャレンジしています。近くで牛を飼っていた人が辞めてしまって、その跡地をきれいにして、私たちが牛を飼い始めました。新たに立派な牛舎を建てなくても、そうした跡地を活用させてもらってやっています。地主さんにも賃料を払っていますし、荒れた土地を再生して活用しているので喜んでもらえます。地主さんも、毎日放牧地にきてみてくれ、いまでは農家も人口も少なくなって、寂しくなったけど、こうして若い人がここで働いているのをみるとうれしいといっていました。

　販売面で、最近増えたのは、インターネットでの販売です。コロナの影響もあって、個人の消費が伸びて、インターネットサイトでの販売も順調で、また自然なものを扱う生協には非常に喜んでいただいています。販売の目途がついたので、生産のほうをもう少し頑張っていけば、軌道に乗っていくのではないかと思っています。パッケージを工夫して贈答品にしたりしています。加工については、当初はまったくの素人で、肉の切り方も知りませんでしたが、ＹｏｕＴｕｂｅをみて勉強しました。もちろん、保健所の講習会を受けて、それなりの準備はしました。実践しながら腕を磨いて、ノウハウを積み上げているところです。

自分の幸せを含めて、農業のあり方をどれだけ変えられるかというところが、今後の楽しみです。大きなことより、何から始めるかを決めて、毎日の小さなことをきちっとやっていく、これが大事だと思っています。

（さかうえ　たかし）

〈質疑〉

――多様な働き方への取り組みを具体的に聞かせてください。

坂上　実は昨年あたりまでは、人が集まらずに苦労していました。かなりのお金を出して、いろんな媒体に広告をだしたりもしました。当時、職安で労働市場の情勢をみると、ブルーカラーでは働きたいという人が少なくて、逆にホワイトカラーでは事業所が全然足りていません。そこで、ホワイトカラーにターゲットを絞って、農作業だけではなくて肉の加工や販売、出荷の軽作業などにしました。でも、実際に応募してくる人は絶対ホワイトカラーではなくてはだめだというわけではないようでした。むしろ、ちょっとした軽作業があるというと喜ばれることもありました。そういう意味で、いろんな働き方をこちらが受け入れて、いろんな働き方ができるようにしょうとしました。加えて、労働時間を変えました。子どもを幼稚園に出してから空いている時間にちょっと働きたいという人が多かったので、働く時間を何時間でもいいとしました。そうしたら、小さい子どもをもったお母さんたちがたくさんきました。以前は、ターゲットを、農作業の経験者あるいは外で働くのが好きな人としていたので、すごく限られていました。特に、経験豊富なおばさんたちは奪い合いで、八〇歳になっても、声がかかるという感じでした。うちはそういう人たちは少なくて、農作業の経験はないけどという若い人が多くなっています。うちの社員の多くがよそ者だったので、もともと農業のことをよく知らないので、初めての人に優しく教えるようです。そのため、みんな楽しく働いてくれて、ほとんどやめません。

――特に県外の社員の方たちは、どういう経緯で入社されたのですか。

坂上　農業が一般に注目されたときがあって、それまでは求人を出していなかったのですが、考え方を整理して公表することによって、若い人のなかでも、今の世の中にひずみを感じていたり、このままではいけない何か世の中に貢献したいといった、高い意識をもった人たちにいかに届くようにするかを考えました。数は少ないけど、そういう人を意識して、募集をしました。そうしたら、考え方を評価してもらった人がきてくれるようになりました。農業でお金儲けをするということではなくて、いかに世の中の課題を解決していくかという考えをもっている人たちです。課題を解決するために、こんなこともできるんだということに気づくことができ、この会社だったら、何か新しいことに参加できるのではないかという期待もできるでしょう。そういう意味では、夢をみられるようにすることが大事だと思っています。承認要求あるいは自己実現要求に応じて入ってくるわけで、ビジネス面でもそれを明確にしてきました。

――外部との提携で事業成長のずれを修正するというのは、どういう意味でしょうか。

坂上　いまちょうど、里山利用を始めて、牛肉の生産・販売が始まりました。けっこうお客さんもついて、豚肉もできないかという話もあります。でも、今から自分たちで豚を飼うのもなかなか難しい。そうすると、知り合いの養豚農家と資本提携のようなかたちをとることになりました。豚の飼養はその方が養豚経営のなかでやり、われわれは販売を担当する。われわれは業務として人材派遣もできるので、どうしても冬場が忙しくて夏が暇だったので、ほかの仕事場に派遣しようとなりました。そういうふうにして、お互いのリソースをうまく活用しながら、事業成長につなげていく。のちのちは一緒に合併することも考えられます。これまでも、共同ブランドを他の会社と立ち上げたりと、提携のかたちにはいろいろあります。

――若い方が社員におられるようですが、坂上社長はどういう考え方で人材育成をしておられるのでしょうか。

坂上　若い人を育てるにあたって一番重要なのは、役割と期待のずれをなくすことです。若い人だけでなくどんな人にも言えますが、最終的にはコミュニケーションでしょう。作業はみんな一生懸命やります。しかし、思っていることがなかなかうまく相手に伝わらない。そうすると、コミュニケーション不足でトラブルが発生します。役割と期待の差をなくすために、経営指針で、はっきりと会社の考え方を示します。そして、ものごとの考え方、哲学を示します。仕事を通じて、知識や対人関係を覚えてもらいます。仕事としてどういう人材が必要なのかを定義して、それを理解してもらって、社員のなかで上下関係の面談のなかで理解してもらいます。もうひとつは、目標設定ＭＢＯで、一年間かけて何を目指すかを上司と面談をしながら、組織的に実行します。

――現在自治体などがおこなっている支援とアグリバレー構想とはどう違いますか。

坂上　今自治体がやっているのは、移住や、公社などが農業技術を学ばせて農家を自立させるというものですが、それは個別的です。われわれが構想のなかで連携協定を結ぼうとしている自治体向けにはいろいろな提案があります。例えば志布志市の場合には、そもそも公社の制度を使って研修生として入ったにもかかわらず、やってみたらたいへんだからやめたという人が後をたちません。志布志の公社はこの前のコンクールで優勝するなど、かなり優秀なほうですが。おなじ志布志でもほかに同じような制度があって、イチゴの技術を研修させて修得させていますが、ほぼ成功していません。例えば、貯金をいくらもっていないと入れないという条件があったりします。農業を始めても最初からうまくはいかないので、ある程度のリスクは掲げていますが、それは実際に農業をやりたい人からみれば、金をもっていないからいろいろな制度を使っているのに、それでも金が要るのか、という話です。そういうところであぶれた人たちも、例えば農業法人に就職すればいいのではないかと思います。みんなで協力すればいい。市の公社には入れなかったけど、まだまだ意欲のある人は就職すればいい。だめだったら転職すればいいんです。構想では、その人の可能性を認め、そういうところを拾っていきます。誰でもそうですが、全員が全員成功するわけではなくて、最初から成功するのがわかっている人はいません。そういう意味では、いろんな機会を与えたいのです。アグリバレーというのは、いろんなチャンスを生かせる場をつくるという考えで、既存の制度とはコンセプトがそもそも違います。また、農家を育てるあるいは地域に人を呼ぶことが市町村の施策ですが、実際は、仕事があってある程度所得の確保ができれば、べつにどこにいたっていいはずです。そういうふうに総合的に取り組んでいくのが、アグリバレーの原点です。

―― 社員やパートの方は長期にわたって働いている人もいるのですか。また、なかには独立する人もいるのでしょうか。

坂上 なかには、二〇年以上働いている人もいますし、一年前に入った人も五〇人います。はじめのころは、作業のお手伝いを中心に地域の方にお願いしていましたが、一〇年くらいしてある程度経営がうまくいくようになってきたときに、再現性をもって作業をできる、要するに分身型の組織では将来がないと思ったので、組織化をしようと思いました。そこで、意識の高い人、ただの作業ではなくて、農業ビジネスをやりたいという人の採用を始めました。それが一〇年少し前で、今の労働力の中心がそのときに入ってきた人たちで、部長クラスになっています。それまでの雇用はパートか正社員しかなかったのですが、まず仕事を二つに分けました。最初の入り口は社員として入ってきます。そこから、総合職と専門職にわけて、専門職はいわゆる労働者に近い工程担当です。もう一つは総合職で、将来の農場長を目指すくらいの人で、農作業からマネジメントまでこなす人です。雇用形態にも、期間を分けた雇用、つまり、自分の人生のステップの一頁だと思っている人、例えば実家が農家なんで三年間ここで修行して実家へ帰る人、あるいは、海外青年協力隊に行きたいが農業の経験がないといけないので、その切符を手に入れるために三年間やるという人、自分でやりたいので、できるだけノウハウを身に付けたいという人、そういう人には、期間を決めて雇用します。さらに、技能実習生が毎年数名ずつ入っています。そのように、働き方を整理して、様々な人が働けるようにしました。でも、一〇〇年一緒に働ける人はいません。では五〇年はどうか、四〇年はどうか、というふうに、どこを軸とするかを考えると、長い短いは相対的にすぎないんですね。それよりは、再現性、その時の自分たちのやりたいことを実現できるような仕組み・組織が最終的な動機になります。そうして、気持ちが合致している人たちによって活性化される組織のほうが強いのではないかと思います。

――地域の農業経営者との連携や住民とのつながりはどのようなスタンスでお付き合いしていますか。

坂上　農業経営クラブの場で、地域の農業者と勉強会をしていますが、かたちばかりの総会をやって後は飲み会をして終えるという集まりでした。わたし自身、ある程度歳がいってから勉強してその大事さがわかったものですから、若い人に勉強するように言ったら、全員が勉強会に出てきました。皆、学びをしたいのですが、何を学んだらいいのかがわからないという状態だったようです。そこで、場をつくることによって、若い人たちが意欲的に勉強するようになりました。七〇〇人余りの地主さんとお付き合いさせていただいて、うちの社員が地域の農地の管理をやっています。そこへ、毎日のように工事の方が来られて、土地を買ってくれないかと言ってきます。誰の農地がどうなっているといったことが常に耳に入ってきますので、できるだけ協力はしています。われわれも基本は農家なので、荒れている農地をみるとどうも気持ちが悪くて、できるだけ耕作放棄はなくしたい。やりたいことはまだまだたくさんあって、空家も三軒くらい買って、作業小屋に使っています。地域の再生を今後もやっていこうと思っています。

―― 日本の畜産のエサについては、どうあるべきだとお考えですか。

坂上 なぜ飼料用トウモロコシを始めたのかは、飼料用米のあり方とも関係しています。私がデントコーン・サイレージの販売を始めたとき、日本の農政の中で水田をどうするかが議論されていて、飼料用米を補助金を出して導入しようとするときでした。私もどうしようかと思ったんですが、補助金が出るからやめようと思いました。結果的に、政策的に推進されたため、飼料用米は面積的にもそうとう広がりました。今の米作農家は、主食用米をつくるより飼料用米をつくったほうが儲かるということも知っています。ただ、展望としてはどうなのか。私の考えでは、飼料をうまく使い切るほうが強いのではないか。飼料用米をつくることで、米作農家が延命するのはいかがなものかという気がしました。米づくりもイノベーションでき、本来なら農家が強くなるべきではないかと思います。そうはいっても、小規模な農家ではイノベーションには限界があります。そのなかで、どうやっていったらいいか。個人の所得を最大化するという動きの中で、政策的にどうするかは難しいのかもしれません。ただ、一つのやり方を示したかったわけです。農業家として、こういうこともできるということを示すのが使命だと思いました。

――エサとしての子実トウモロコシについては、どうお考えですか。

坂上　使い方によると思います。豚は、子実トウモロコシでもいいと思います。今は牛に使っていますが、牛には繊維が必要だと思っているので使っています。

――食料安全保障の視点から、耕作放棄地の利用などの重要性がいわれているなか、Ｍ＆Ａについての展望はありますか。

坂上　ある時、農業に関心のある企業があるんですが話をきいてみませんかということがありました。Ｍ＆Ａをやる気はなかったのですが、話だけは聞きました。そうすると、スーパーなどが仕入れを安定させるために、生産をしたいということでした。実は、イオンなど大きなスーパーではすでにやっていることで、一〇年くらい前からけっこうあります。ＪＲ九州などの異業種も農業を始めています。大企業が直接的に農業生産をすることはできないのですが、子会社に出資させてやるかたちです。それはそれで拒めないことですし、特に肉の業界ではインテグレーションが進んでいます。ただ、それに向いているビジネスとそうでないビジネスとがあると思います。

（二〇二二・六・一四）

89　食料供給基盤を守る農業現場の取り組み

世界の肥料情勢とＪＡグループの取り組み

ＪＡ全農耕種資材部長
日比　健

本日は研究会にお招きいただき、感謝申し上げます。私の経験からみた、世界と日本の肥料についてお話をしたいと思っております。よろしくお願いいたします。

ご存じのように、肥料の三要素は、窒素、リン酸、カリです。この順番の通り、作物にとって重要性をもっています。とくに途上国では、窒素が重要視され、経済発展が進んでくるとリン酸肥料であるリン酸アンモニウムが必要になります。カリは、若干ぜいたく肥料的な要素もありますが、パームヤシでは重要視されていて、特にマレーシア、インドネシアのようなプランテーション農業をやっている所では、カリの需要が高くなっています。実は肥料はどちらかといえばマイナーな商品だと思います。しかし、昨今のウクライナ情勢の影響で暴騰しており、岸田総理が「農産品全般の生産コスト一割の削減を目指し、肥料のコスト増の七割を補填する新たな支援の仕組みをつくる」と表明するなど、政治的に脚光をあびています。

人口の推移と穀物生産量、そして肥料消費の推移を見ると、トレンドは非常にあっていますが、一九六一年から七〇年までは、人口の増加との間にギャップがあるように見えます。いわゆる、緑の革命といわれる食料増産の流れの中で、まだまだ肥料の生産がそれに追いついていなかったという状況だったと思います。日本でも、六〇年代、七〇年代は全国に肥料工場が多数建設された時代でした。　なお、二〇一〇年以降、ギャップが拡大しているように見えます。細かな分析はまだできていませんが、肥料を効率的に使う、施肥量を増やさずに穀物の反収を増加させるなど、技術の進歩と環境意識の高まりによるものではないかとい推察しています。

肥料原料とは、複合肥料いわゆる化成肥料の原料ですが、尿素、硫安、リン安、過石、塩化カリです。ここでは、一番左端のオレンジの部分を紹介したいと思います。窒素は原油や天然ガス、リン安・過石はリン鉱石、カリはカリ鉱石を原料として作られます。天然の鉱石を採掘して、それぞれ肥料原料に加工して、製品にしています。例えばリン鉱石は、もともとは海洋生物の堆積層が地殻変動によって隆起した地層に存在します。世界では、主にフロリダ半島がかつての肥料の一大産地でした。今、中心になっているのは、北アフリカのモロッコからアルジェリアにかけて、中東のイスラエル、ヨルダン、サウジアラビアの地層です。中国の西南部、雲南省にかけてとベトナムにかけても存在しています。ロシアにもあり、最近ではペルー北部も多く採掘されています。その他に海鳥の糞が堆積したグアノがあります。特に、インド洋のクリスマス島が有名ですが、日本でも戦前には沖縄のラサ島でもリン鉱石を採掘していました。私は、モロッコやフロリダなどで採掘現場を見たこともありますが、そうした所は条件がよくて、地層が表面に出ており、その地層を剥いで、リン鉱石を露天掘りで採掘していました。一方、中国やベトナムのような山間部では、地層がうねっていますので、地表に近いところは露天掘りができますが、それ以外のところでは地層に沿って坑道掘りをしていきます。

カリ鉱石は、もともとは海が地殻変動で湖に仕切られて、その水が蒸発してカリの層になり、それが地下に潜って鉱床ができました。リン鉱石以上に地層が限られ、しかも地表からかなり深いところに存在します。雨水に溶解してしまいますので、地下水の影響を受けない数百メートル以下のところに鉱床があります。カナダやロシア、ベラルーシ、ドイツ、アメリカのニューメキシコ州などで採掘されています。イギリスやスペインなど一部のヨーロッパでも採掘されています。なお、世界中の塩湖では、塩分濃度の濃い水を採取して、そこから塩田方式で蒸発させて、カリが生産されています。有名なのは死海で、ヨルダンとイスラエル両国で取水をしてカリを製造しています。中国の青海省、アメリカのグレートソルトレイクでも塩田法で製造されています。塩湖の干上がった地層がチリや中国にあり、そこでは、上から温水をかけて溶解して成分を抽出する方法で製造しています。オーストラリアやインドでも開発が進んでいます。そのように、カリは海水から製造できますので、燃料コストさえ無視すれば、日本でも製造することができます。

世界的にひろがる肥料価格の高騰

実は二〇〇八年、バイオエタノールブームや投機資金の流入で、穀物価格が高騰し、肥料価格も急騰しました。しかし、その直後、リーマンショックで経済状態が冷え込んだことで、穀物価格も急落、肥料価格も急落しました。そのように急騰と急落を示しました。それ以降は、比較的低位安定で推移してきましたが、それがロシアのウクライナ侵攻の前、二〇二〇年の年末から価格が急騰しています。ただ、一気に上がったわけではなくて、三段階に分かれて値上がりを見せており、それぞれ要因が違います。

二〇二〇年の年末から二〇二一年の半ばまでの値上がりについては、主に需給バランスによる値上がりということになります。特に中国が穀物を爆買いしたことと、オーストラリア、南米などでの干ばつによる生産減などがあり、穀物価格が値上りするのとあわせて肥料の需要も増え、肥料価格も上がるというかたちです。それに二〇二〇年の後半以降の供給不安の要素が加わりました。ひとつはコロナの影響で物流が滞留したこと、また、中国での電力不足で工場が止まったということもありました。そうして、世界的に価格が上昇したのが、二〇二〇年末から二〇二一年の前半です。

もうひとつ、二〇二一年の後半、尿素が突然高騰しました。これは、中国発の要因でした。中国政府が国内の食料生産のために肥料の価格安定が必要ということで、肥料の輸出を制限して、国内で潤沢に肥料を確保するという政策を打ち出しました。中国が世界最大の尿素の輸出国でしたので、一〇月以降数か月間にわたって輸出を停止したことで、世界市場が混乱をきたし、市況が高騰したのです。特に、韓国では中国から多く輸入していたので、ディーゼル燃料向けの尿素がないことから大騒ぎになりました。

三つ目の高騰が、今年二月のウクライナ侵攻によるものです。このときには、特にカリが急騰しています。塩化カリの輸出ではロシア、ベラルーシのウェイトが大きいことから、その地域から調達できなくなるという不安感から、カリが大きく値を上げました。この後、北半球の四月、五月の肥料需要、いわゆる春肥が終わったこともあり、市況は少し調整局面に入ってきていますが、以前の水準から見ると三倍から四倍の価格水準となっています。

実は、肥料には国際的な商品市場はありません。かつて一九九〇年代にアメリカのシカゴ市場で試験的にリン安が上場されたことがありますが、長続きせずに数年で終わりました。われわれがいう国際市況というのは、公式な市況・指数が出ているわけではなくて、売り手と買い手の相対取引の結果や国がおこなう入札など公表されるデータを業界紙が取材して、それを総合したものを国際市況として利用しているのが実態です。市場がないということは、価格が安定もしくは右肩上がりになっている時代であれば十分だとは思いますが、昨今のように乱高下が起こると、価格変動のリスクをどうヘッジしていくかが重要になってきています。その結果、先物あるいは商品市場がないのは、肥料を扱う者にとって非常に大きなリスクになってきています。実際、二〇〇八年の高騰のときには、現物しか扱わないという肥料の独特な性格から、先高を期待したトレーダーいわゆる中間業者が大量の在庫を抱えて、価格が急落し大きな損失を出して、撤退する会社が多数発生しています。現物の取引しかないということの良い面は物の裏付けがあるということだと思いますが、実際に現物の確保が難しいという状況になると、先物市場がありませんので、とにかく手当てしなければということで、価格を度外視して買い付けに走ることが多くあります。

　現在、肥料の取引では、現物の調達も難しく、価格も急騰・急落することから、非常にリスクの高い商品なってきていて、なかなか、中間のトレーダーが存在できません。二〇〇八年の高騰時の反省を踏まえて、現在、メーカー側が海上輸送を手配したり、需要国で在庫を持ったり、国内デリバリーをしたりしています。そのように、メーカーが川下に進出していく構造に変わりつつあります。

　また、肥料には技術革新が見られません。一九六〇年代、七〇年代に、需給のギャップがあって、それを埋めるために、世界中で肥料プラントが立ち上がりましたが、それから五〇年以上経った今でも、当時からのプラントがそうとう稼働しています。製造の原理もほとんど変わっていません。

例えばリン酸は、ベルギーのプレヨンという方法はいまだにメジャーですし、硫酸は触媒を使ったモンサント式が依然として中心を占めています。カリも、地下鉱山から採掘することはあまり変わっていなくて、五〇年来同じような製品が同じような製造方法で作られています。ただし、昨今、カーボンニュートラルの視点から、二酸化炭素を発生させないアンモニア製造技術が出てきていますので、そうした技術が実装されれば、商品も変わっていく可能性があります。

世界の肥料需給を見てみると…

尿素、リン酸、カリ。それぞれの原産国の順位を見ると、尿素では中国、インド、アメリカ、ロシアの四か国で過半数強を占めています。その他、原油が出る中東諸国を中心とした国々が生産し、輸出もしています。リン安の上位四か国が中国、アメリカ、モロッコ、サウジアラビアで四分の三を占めています。中国のシェアが圧倒的ということがわかります。カリも、カナダ、ロシア、ベラルーシ、中国の上位四か国でリン安以上に、約八割方を占めています。このように、生産国がかなり偏っていることがわかります。一方、尿素は天然ガスが原料ですので、比較的世界中で生産されていて、少しは分散しているとも言えます。

消費についても同じように順位を見てみます。尿素の場合、生産では中国が三一％だったのが消費では二二％と、輸出の余力があると見られます。インドについては、生産が一四％で消費が一八％

なので、国内の需要を満たすには国内生産では足りないので輸入せざるをえないことがわかります。アメリカも、実は輸入する国になっていますが、ギャップが非常に少ないことから、かなりの部分を自給できる状況になっていると言えそうです。同じように、リン酸、カリも同様に、それぞれの国や地域の位置が見てとれます。

こういった世界の需給バランスをＩＦＡ（国際肥料協会）の資料から見てみると、例えば尿素で、二〇一五年から将来予測も含めて二〇二五年まででは、需要は、二〇一七年に少し減って、その後、回復をし始めた中で生産も上がってきています。生産と消費が合致した、二〇二〇年年末から、尿素の市況は大きく値段が上がってきています。この後、比較的楽観的にプラントがどんどん増え、需要を上回る増え方だと予測されています。もっとも、このデータは二〇二〇年五月時点のものですので、ロシアのウクライナ侵攻やそれに伴う経済制裁の影響は加味されていません。ロシアのプラント状況が加味されれば、こんなに順調にいかないのではないかとも考えられます。窒素全体も傾向はだいたい同じです。

特に、地域別、経済圏別の需給がどうなっているかを見ると、旧ソ連、中東は尿素については輸出する余裕があります。逆にインドは、国産はあるものの輸入に頼らざるをえない。特徴的なのは南米で、穀物生産も増え、どんどん肥料の需要も増えている中で、輸入のポジションが年々高まっていると見ていいでしょう。北米（アメリカ、カナダ）は、二〇一五年から二〇二〇年にかけて、自給力が三分の一くらいに増えています。これは、CFインダストリーという会社が三〇〇万トンクラスのプラントをルイジアナ州で新設したため、かなり自給率が改善したと見ていいと思います。

リン酸は、二〇二〇年にかけて、穀物相場の高騰があって、肥料需要も一気に回復しました。リン酸の特徴はかなりギャップが大きいことで、生産能力に比べて消費がかなり低位ですが、価格的には比較的安定しています。にもかかわらず、二〇二一年にはいったん落ちて、そのまま安定して、在庫は少なめになっています。ここで注意したいのが、中国の動向です。世界の供給において中国のウェイトが圧倒的に高い中で、輸出停止措置がとられたため、大きく価格を引き上げました。

リン酸は、尿素に比べて、資源の偏り、生産の偏りが大きいと言えます。輸入せざるをえないのはヨーロッパ、インドを中心にした南アジア・オセアニア、そして南米です。南米は国内ではほとんど生産できていませんので、輸入に頼っています。それに対して、輸出余力があるのは、中東のサウジアラビア、ヨルダンといった国で、輸出余力も拡大していますし、輸出量もそれなりにあります。旧ソ連は、輸出のポジションが非常に高くなっています。アフリカでは、北アフリカ特にモロッコが中心に輸出をしています。東アジアは本来自給できるはずですが、中国に輸出余力があることから言うと、アジア圏だけでみれば安心できるはずなのですが、中国の動き次第で域内のバランスが崩れたということだと思います。

カリも非常に特徴的です。リン酸に比べて、もともと生産量が上がってきていて、供給余力も高まってきていました。鉱物資源という特徴から、いったん開発をスタートすると、すごい勢いで開発が進むということによります。

ウクライナ侵攻でどうなる影響

私は、六月の後半、中村農水副大臣の資源外交に、全農副会長とともに同行いたしました。カナダの政府関係者とお話をさせていただきました。それによると、カリの増産計画が各会社からあがってきているそうでした。ロシアのウクライナ侵攻によって、ロシア、ベラルーシからの輸出がかなり減るだろうといわれており、年間約一〇〇〇万トンくらいが減っていくのではないかと見られています。その中でカナダでは、一〇〇〇万トンを超える生産計画が出てきています。実際に稼働するまでには数年かかりますが、二〇二五年あるいは二〇三〇年の期間で見ると、十分補えるとおっしゃっていました。

カリについて地域別の需給をみると、旧ソ連が大きな輸出国で、加えて中東のヨルダン、イスラエルも輸出国です。ヨーロッパのドイツでもカリを採掘していて、輸出も自給もできています。北米のカナダは世界最大の採掘国ですので、十分な自給自足できます。一方、南米、アフリカ、インド、オーストラリア、東アジアは輸入に頼らざるをえません。窒素、リン酸、カリの順番で、地域別の偏りが顕著になってきます。

なお、カリの輸出国はドイツ、ベラルーシ、ロシア、カナダ、イスラエル、ヨルダンです。輸入国としては、ブラジル、アメリカ、中国、インド、西ヨーロッパが主です。そうした国に比べると、日本の輸入量はほんとにわずかです。ロシアのウクライナ侵攻によって経済制裁が強化され、従来は、ベラルーシのものはバルト三国のリトアニアから輸出をしていましたが、港を使わせてもらえないので、完全に行き先を失っていて、それが一〇〇〇万トン近くあると言われています。ロシア経由で輸出することにチャレンジされてはいますが、荷役や貨車などの輸送設備が足りないという現実があるようです。そういった面を考慮して、一〇〇〇万トンくらいが今年から来年にかけて足りなくなるのでないかと言われているのです。

ちなみに、ブラジル、中国、インドは、ロシアのウクライナ侵攻に対して中立的な姿勢、つまり経済制裁はおこなわない立場に立っています。肥料確保が第一義ではないかもしれませんが、肥料を確保せざるをえない状況での態度ともみえます。アメリカは、ロシア、ベラルーシからの輸入量は二割くらいしかありません。それをすべてカナダからのものに代えるのは難しいと思われますので、肥料については経済制裁から外すという方針も出ているようです。肥料も食料生産に関わるだけに、どの国も特別な対応を考えていることがよくわかります。

肥料は春に一斉に使用されます。それが、穀物やほかの天然資源と比べて、かなり特殊ではないかと思います。製造者も平均的に生産していく計画は立てますが、夏以降は港に在庫をしたり、需要者の倉庫に持って行ったり、農家の納屋まで持って行くといった独特な物流が必要になります。

「みどりの食料システム戦略」は肥料削減を目標

農家は、保守的で来年の肥料を考えるとき、まったくゼロからスタートすることはあまりなく、一定の在庫を持つ、備蓄に近いことが自然発生的に起きるように思います。また、農家は基本的に、収穫物の価格に対しては非常に敏感ですが、肥料については使うのが年に一回で、生産費の一部ということもあって、あまり敏感でないように思います。そういうことから、先ほどお話したような、二倍、三倍の上昇という現象が起きるのかもしれません。

肥料の管理は、農業・農村対策として、国がおこなうということが、世界で多く実行されています。特にインドは、農民が多いことから、農家への配給価格を国が決めていて、輸入したときの差額は国が補助しており、その予算は数兆円に達しています。

肥料の商品取引市場がないと申し上げましたが、肥料需給の世界ではロシアが圧倒的に力をもっているのですが、そのロシアにもう一つ信頼性がないことが、国際市場ができない要因なのではないかと思います。アメリカやヨーロッパなどの先進国のように、信頼のおける国が強い立場にいれば、市場が誕生していたのかもしれません。

環境問題も重要になってきました。リン酸質肥料を生産するとき、リン鉱石を硫酸で反応させて硫酸カルシウム、いわゆる石膏を回収します。リン鉱石の地層にはなぜか重金属とか放射性物質を多く含む層と隣接していることが多いので、そういったものが石膏に移行することが多くあります。その石膏の処分に困っているのが現状です。ヨーロッパのなかには、率先してリン酸の生産を中止している国もあります。また、ＥＵの「農場から食卓へ」政策では二〇三〇年での二割削減という肥料削減の目標を掲げていますし、日本でも「みどりの食料システム戦略」で二〇三〇年で二〇％、二〇五〇年で三〇％の削減を目指しています。中国においても、総量規制として、二〇二〇年の総量以上のものは使わないとしています。このように、環境問題から肥料の削減というのが大きく打ち出されていますので、穀物生産と肥料消費のギャップが、この先はもっと開いていくのではないかとみています。

　世界の肥料産業は、あまり新規参入はなくて、寡占化が進んでいます。経済圏を超えた、ほんとうの意味でのグローバルな企業は肥料業界にはありません。限られたプレーヤーが、経済圏の中でシェアを争いながら、経済圏を抑えつつ、圏外に向かって販売していくという状況です。これは、いざとなれば規制や制限がかかるという特殊な環境のせいもあるのではないかと思っています。

　日本では、戦後の合成硫安をはじめ、主製品として肥料が大量生産される時代から、ナイロン原料であるカプロラクタムから発生する硫安を含めて、主製品ではなくて副製品として肥料を製造するという産業構造に変わりました。その後は、減反政策が導入されるとともに、肥料の需要も減っていくなかで、バイプロ化した各大手化学メーカーが、主製品があるうちは生産を維持するものの、主製品を海外製造に移行していくなかで、合併や合理化が進みました。その結果、各プラントが非常に老朽化しています。肥料原料の安定確保が非常に重要な時期ですが、確保した原料を化成肥料にする国内製造設備がかなり脆弱になっています。肥料供給の安定化という面では喫緊の課題です。

日本の肥料会社の現状をみると、大手といわれる、売上一〇〇億円超の会社が十数社、中堅といわれる十数億円の会社が十数社、そして数億の売上の会社が二桁の後半くらいです。会社の数はそれなりにあるように思われますが、プラントの老朽化や会社の資本面からみると、いつまで製造を続けていけるのかが課題です。

土壌分析をおこない施肥は不足分だけ

昨年の春肥は価格が非常に高騰しました。国内メーカーもこの価格ではこれ以上供給を続けられないということから、全農は二月にメーカーからの仕入価格をいったん上げています。ただしこのときは、農家渡し価格は変更しませんでしたので、この春肥までは、それなりの価格で農家には供給できたと思っています。また、中国がリン安の輸出をいったん止めたことから、調達先を変更しましたので、春肥の供給にはかなり貢献できたと思っております。六月以降の秋肥については、ロシアのウクライナ侵攻により、第三弾の値上がりがあり、それを価格に反映せざるをえなくなりました。五五％というかつてない値上げをさせていただいております。中国からモロッコへの肥料原料輸入先の振り替えを含めて、国の調達支援も秋肥については出ていますので、それらを活用して、この一〇月までの原料は確保しました。

　こうした問題に対応すべく、ＪＡでは重要な取り組みをしています。それで、すべて解決できるわけではありませんが、ＪＡグループとして、やはり、農家の肥料コストを少しでも低減していく取り組みを進めます。例えば、土壌分析をして不足分だけ、足りない分だけ施肥してください、というお願いをしたり、また、堆肥を肥料成分として活用することです。そして、国際市況の高騰にあまり左右されない商品を多く扱っていきたいと考えています。なお、堆肥そのものを肥料成分として上手に使うための実証圃を現在展開しています。これがうまくいけば、来年の春を中心に、そうした取り組みを加速していきたいと考えています。

　肥料は、これまで経験したことのない情勢にあります。価格もそうですし、肥料原料の争奪戦、社会からの注目、どれをとっても、かつてない状況です。ただ、われわれＪＡグループが最も懸念するのは、肥料価格の高騰により、営農をやめる農家が出て来ないかという一点につきます。農家の高齢化が進んでおり、六四歳以下の農家人口は、二〇三〇年までに一一万人まで減少すると予測されています。基幹的農業者は、今後一〇年で約三分の一になるとみられています。現在の農地を三分の一の農家で守りきることは並大抵ではないと思っています。事業継承も時間をかけても難しいというなかで、肥料費の高騰をきっかけに、離農、耕作をやめる農家が加速しないかという危惧をもっています。担い手に農地が集まってきているなかで、担い手の絶対数が足りないのが現状で、これ以上の受け入れは難しいという状況もみえています。そうすると、条件の悪い農地は耕作放棄地として拡大していくのではないかと考えています。

農業生産を維持するには、様々な工夫が必要で、それには時間が必要だと思っています。一方、肥料価格高騰への対策は待った無しです。本日も、与党の食料安全保障に関する検討委員会で、肥料の価格高騰に対する影響緩和策が議論され、おおよその取りまとめがされているようですが、そうした施策が有効に、直接農家の安心感につながることを期待して、私の話を終えたいと思います。本日はありがとうございました。

（ひび　たけし）

〈質　疑〉

――肥料価格の今後の動向と確保の見通しはどうですか、堆肥以外に国内生産が可能な肥料資源はあるのでしょうか。

日比　肥料価格について、一番懸念されるのは為替の動向です。秋肥から春肥では、為替が一三九円くらいを目指そうという状況ですので、かなり円安に振れます。国際市況については、今現在は尿素を中心に、いくぶん調整局面に入っていますが、これも、ロシアのウクライナ侵攻が長引いていますので、また、いつ反転するかわかりません。秋肥については、国の緊急調達支援事業で一〇〇億円という大きな予算で調達費の軽減対策をおこなっていただいています。ただし、春以降はどうなるのかということはあります。

以上、三点考えると、かなり厳しい状況になるかもしれません。なお、国内の堆肥以外の肥料資源としては、食品残渣や下水汚泥といったものが取り上げられてきています。ただ、やはり、全国に一定量、かなりの量を確保できて、使いやすくできる可能性のあるものというと、現状の技術でできるのは堆肥ではないかと思っています。それ以外にもありますが、優先順位としては、まず堆肥を有効利用することではないかと思っています。

――みどりの食料システム戦略での肥料三割削減や肥料への支援条件はどうなっているのでしょうか。

日比　今、与党の検討段階で、多分この後、いろいろな形で報道がされていくと思います。

――世界で肥料原料の争奪戦が起きている中で、日本の力はどの程度ですか。また、原料確保の戦略はあるのでしょうか。

日比　日本が世界に占める肥料消費の割合は〇・五％くらいしかありません。過去から見ても、原料資源国と日本は非常に友好な関係を築いてきました。バイイングパワーという面では、数量面では少ないですが、肥料の生産国は鉱山資源を抱えているだけに、長い取引関係を安定的に望んでいるので、その意味では、日本というのは非常に位置づけの高い国になっています。そういう関係で現在は何とか確保できています。ただ、五年後、一〇年後、世界の状況が変わっていくなかでは、今後の努力が必要だろうと思います。

――施肥方法については、新しいものはあるのでしょうか。

日比　肥料そのものにあまり技術革新がないので、農業機械のほうで工夫されているのが実情ではないでしょうか。日本では、側条施肥とか可変施肥という機械技術があります。ただ、肥料そのものが、例えば革新的な技術で施肥タイミングが変わるようなところまでにはいっていないように思えます。むしろ、そこまで肥料開発にコストをかけるべきなのかどうかにも議論の余地があると思います。農業機械のほうで、機械的に施肥をアレンジしているようですが、肥料そのものを変えることがあってもいいかもしれません。

――プラスティックでコーティングした緩効性肥料があるようですが、別の被覆材を利用した緩効性肥料はないのでしょうか。

日比　生分解樹脂にもいろいろなものが開発されてきていますが、まだいずれも開発途上だと思います。現行の生分解プラスティックでは、溶解までの時間が長い、あるいはすぐに割れてしまうといった不具合があって、需要拡大に目途がたっているものはまだありません。ただ、今、加速的に開発が進んでいるので、それに合わせて、われわれもいろいろな仕組みを開発していきます。目標は二〇三〇年と掲げていますので、残された期間は少ないのですが、技術革新に期待しています。

――国の支援対策が今日議論されているようですが、当面は応急対策的に農家のコスト増を補うものになるのでしょうか。

日比　まずは足元の秋肥の価格補助ですね。農家には経営のそうとうな負担になりますので、それを少しでも緩和するのがまずは喫緊の対策だと思います。今後に向けては、農水省では、パッケージの対応、平時の対応、有事の対応という組合せを打ち出していますので、われわれはそれに沿ったかたちにしていきたいと思っています。みどりの食料システム戦略で、二〇三〇年に二〇％、二〇五〇年に三〇％の化学肥料削減が謳われていますが、有機農業を二五％にするというムードがでてくれば決して難しい数字ではないと思います。

――土壌診断によって、施肥を効率よくおこなう取り組みに関して、農家での取り組みの目安のようなものはあるのですか。

日比　メニューの形で、三つを提案しています。一つが土壌分析で、これで調べて無駄な肥料はやめましょうということです。すでに、土壌分析を実施している農家も少なくありません。そうした農家には、次のメニューで、同じ肥料成分でも、化学肥料に由来せずに堆肥に含まれる肥料成分を活用するといった、地域で自給できるものを使っていくことも提示しています。ベースは土壌分析ですが、ほかにもいろいろなコスト低減策がありますので、地域の実情に合わせて活用していただきたいと思っています。私どもは土壌分析センターをもっていますが、利用がなかなか拡大していません。二〇〇九年、二〇一〇年までは順調に増えていったんですが、その後頭打ちになっています。新規に増えてはいませんが、続けている方は続けているということだと思います。

――肥料の商品市場が存在しないのは、欧米の肥料自給率が高いのであえて市場を形成する必要がなく、また主産地であるロシアへの信頼感がなかったからという理解でいいのでしょうか。今後、市場形成への機運が高まるには、ロシアへの信頼がなければならないのですか。

日比　アメリカがふんだんに輸出をできるわけではないということと、ヨーロッパは輸入ポジションであるということで、市場を形成する主役がいないことと、本来主役になるべきロシアが信頼できないということだと思います。各国とも域内での戦略を重視していますので、なかなかグローバルな商取引に出ていかないということもあると思います。

――日本が今後も確実に肥料を確保するには、どういうことが求められますか。

日比　確実に輸入していくには、日頃の努力だと思います。これまでの取引関係を重視しながら、相手の信頼に応えつつ、資源国を掴まえておくことが大事だと思います。

――中国の政策変更やロシアのウクライナ侵攻による価格高騰による混乱は、一時的なものと考えていいのでしょうか。それとも、混乱はしばらく続くのでしょうか。穀物のように、高止まりするのでしょうか。

日比　現在の価格が三倍、五倍というのは、商品の性格からみて通常では考えられません。かなり混乱している状況であって、その面では、この価格水準がずっと続くかどうかと言えば、どこかである程度収まるという可能性はあります。いずれにしても、各生産国・地域ごとに輸出・輸入というポジションが明確に分れていますので、グローバル経済が復活するかどうかにかかってくるのかもしれません。アメリカが主導するにしても、アメリカはそれほど大きな輸出ポジションをもっていませんので、このことで、アメリカ中心の経済になっても、なかなか域外の肥料の貿易は変わらないのではないかと思います。ロシア、中国と、購入する側としてインドとブラジル、そういった国がもう少しグローバルに取引できるような関係に戻っていけば、この市況ももう少し落ち着いてくると思いますが、今のところ、それもすぐに収束するという感じではないので、高値感も一定程度続くのかもしれません。

――国際市場がないのであれば、今日お話しいただいた価格データはどこのものでしょうか。

日比　取引を取材している、いろいろな専門紙が世界にはかなりあります。どこの港からどこの倉庫へ輸出されたという情報を得れば、その購入国に対して取材します。そうして集めた情報を媒体で販売しています。われわれも、他国の取引を見ながら、買い負けないように交渉します。今日お示ししたのは、全農が把握している価格ということになります。

――ニューヨークやシカゴの取引所に上場されることはないということでしょうか。

日比　一九九〇年代に一度ありましたが、長続きしませんでした。アメリカもその当時はかなり輸出していたので、商品市場に乗せたかったのですが、その後、二〇年間で立場は大きく変わってきましたので、今その可能性はないと思います。取引市場に札を出す人がいないということです。

――穀物の場合は、先物市場が発達していて、金融的な要因で投機マネーが入ってくることもあります。肥料の価格動向には、そうした投機的な要因は働いてはいないのですか。

日比　先物でヘッジしていれば買えますが、現物が足りなければ、いくら払ってもいいからとにかく買うという思いから、極端な価格動向になっているのだと思います。

――今の状況は、混乱しているなかでの価格高騰で、絶対的な不足ということではないということですか。

日比　先ほど申し上げたように、ベラルーシの一〇〇〇万トンが世界市場に出てきていないのですが、世界の貿易量からみれば不足にはなっていません。経済が回っていけば、もの自体はバランスしていると思います。

―― 政府の対策のなかで、肥料原料の在庫についての対策はどのようなものが考えられているのでしょうか。どのようにすれば、農家への影響を緩和できると考えられるのでしょうか。

日比　今、国がいろいろと設計をしているようです。去年の一〇月、中国が輸出を停止したということで、国内のリンが急速になくなりました。特に年明け以降、肥料生産に支障をきたすようになっていました。ただ、モロッコからの代替品輸入が二月末頃からできました。そういう面では、数か月分の在庫はあったほうがいいとは思います。それがなかったことで、混乱が起きたと、国も見ているのではないでしょうか。一定程度の備蓄をする仕組みは必要でしょう。

―― 私の印象では、七〇年代からの穀物や原油の価格推移に比べてみれば、今日示していただいた肥料価格の推移はそれほど高いものではないと思いました。

日比　肥料も長い期間で見ると、一〇倍、二〇倍という形になります。リン鉱石もオイルショックの前後は二〇ドルくらいだったと思いますので、二〇倍、三〇倍になっています。ですが一年程度の間に、二倍、三倍になるということのインパクトは大きいと思います。

―― 将来三分の一の労働力で農業生産を維持していくには、どうすればいいとお考えですか。肥料面でのアイデアがあればお聞かせください。

日比　いろいろな工夫と時間をかけてと考えておりますが、正直に言って、今すぐ、明快な解答はできません。やはり、中山間地域、平場地域、各地域で取り組んでいくには、時間がかかるのではと思っています。一人で営農ができる面積は、水稲であれば二〇ヘクタールから五〇ヘクタールですが、それが一〇〇ヘクタールまでいけるかどうかでしょう。そのためには、いろいろな技術革新が必要でしょう。そこは、明るく考えるしかないかなと思っています。

（二〇二二・七・二五）

農業集落調査廃止案が語る統計課題

会員　吉村　秀清

多くの廃止反対声明

農林統計の存廃をめぐるバトルが繰り広がれている。専門誌だけでなく多くの全国紙でも取り上げ関心が高まっており、農林統計がこれほど社会問題化すること自体大変珍しい。今回の紛争の当事者は農林水産省統計部と統計利用者である農業、地域を扱っている研究者、ジャーナリスト、自治体関係者などである。多くの学会や行政団体が意見声明、要望書などを提出するとともに、一、一〇〇名を越える研究者らが農水省に反対を訴えた。

農業版国勢調査といわれる農林業センサスはわが国の農業構造や就業構造を把握する農林統計のなかでは最も大事な統計調査であり、国の基幹統計である。農家などの農業経営体を対象とする調査と農業集落など地域を対象とする調査の二つの体系となっているが、今回、農林水産省統計部が中止を打ち出したのは後者の農業集落調査である。５年ごとに実施され、毎回実施に向けて研究者や自治体の統計実務者などで構成する「農林業センサス研究会」が開かれ、採用する統計項目や調査方法について協議されるが、２０２５年農林業センサスの実施に向けて第一回研究会（座長＝安藤光義東京大学大学院教授）が七月二八日に開かれた。この場で、統計部から農林業センサスのなかの農業集落調査は中止したい旨の説明が出されたのが事の始まりである。

　廃止の理由として、調査の担当職員が減少したこと、調査対象者である集落精通者の情報が個人情報保護の影響で市町村から得られなくなったこと、調査結果の利用度合いが少ないことなどを挙げている。当然、研究会メンバーからは継続要望が強く出されたようだ。この波は研究会の枠にとどまらず、たちまち関係研究者、学会、関連団体に広がり、冒頭のように声明、要望が提出された。国会でも取り上げられた。ＮＰＯ法人「中山間地域フォーラム」（生源寺真一会長）では意見書を出すとともに緊急研究会を開いて、この統計の重要さと多くの学術利用や計画作成に利用されていることを訴えた。

　こうした流れにも拘わらず、その後の同研究会での統計部の対応は大筋では変わっていない。第四回研究会（一二月六日）では、農業集落調査の全項目を経営体調査に盛り込むという代替案を出してはいるものの実質的な農業集落調査廃止の姿勢は変えていない。この代替案については、そもそも農業集落調査は地域を対象とする調査（属地調査）であり、同じ項目であっても経営体を調査する属人調査に組み込むこと自体、統計の整合性がとれず統計データとして継続性が保たれない、経営体が存在しない農業集落は調査から漏れるという指摘も出された。

統計を巡る環境の変化

こうした事態がなぜ起こるのだろうか。状況は異なるが、二〇一八年には厚生労働省の「毎月勤労統計調査」の不正が発覚した。調査方法を統計部局が勝手に変更した不手際であった。二〇二一年には国土交通省の「建設工事受注動態統計調査」で二重計上という不適切処理が発覚している。いずれも給付金査定や景気動向算定に影響を与えることとなった。こうしたことから政府統計への信頼は著しく低下しており、統計への不信はそれに留まらず政策への不信にもつながる。一旦、失った信頼を取り戻すには相当のエネルギーを必要とする。こうした統計の実態であるなかで、政府は政策立案に際し「証拠に基づく政策立案（ＥＢＰＭ）」という方針を掲げてきたが、一向に統計行政を巡る改革は取り組まれていない。

統計を巡る環境は大きく変わってきている要因を整理すると、

第一は、行政改革による統計職員の削減と統計組織の統廃合である。日本の統計システムは分散型といわれ統計調査の実施は専門性を重視することから各省庁で行われている。総務省統計部局は自らも国勢調査等を実施するが、各省庁の統計についても調整する役割がある。そして、統計調査の実行については大きな調査は、各省庁↓都道府県統計部局↓市区町村統計主管課↓調査員（民間委託）という流れである。どの段階の統計部局でも人員が不足しており、統計に精通した職員は少ない実態だ。労力不足に対策として、インターネットの利用や外部調査機関への委託などが導入されているが、統計の概念や専門的調査手法に精通していない調査では適切なデータ収集は難しい。かつては、どこのセクションにも「○○統計の神様」と言われるスタッフが存在したが、現在はほとんどおらず、過去のやり方を継承するだけに汲々としているという実態である。

第二の要因として、統計を巡る実施環境が大きく変化してきたことがある。具体的には、個人情報保護法により統計調査への協力度合いが著しく弱くなってきたことが上げられる。住宅事情も高層マンションの出現で調査員の調査票配布すらままならないことが多いと聞く。また、「オレオレ詐欺」の影響も大きい。特に、高齢者の場合は調査員の訪問にも警戒するし、顔なじみの調査員でないと協力してくれるケースは少ない。そのため、やっとの思いで対応してくれても、回収するまでに何回も訪問する必要がある。場合によっては、調査拒否のこともありつらい思いをする。こういう状況であることから、最近は調査員の引き受け手が少なくなっている。

第三の要因は、統計そのものの社会的位置づけが必ずしも高くないということがある。この点について二つのことを指摘したい。

一つは、学問上の統計学の扱いが各専門分野の分析ツールとしての位置づけになっていることである。その証拠に日本の大学には統計学部、統計学科は存在していない。最近でこそデータサイエンス学部という新しい学部が登場してきたが、統計以外のメタデータ利用の研究が中心であって、いわゆる統計学そのものとは少し意味合いが異なっている。

もう一つは、統計を作成している官庁内の統計部門は必ずしも上級の職場という位置づけではない。このことは優秀な統計マンを確保するという環境にないということである。最近は前述したとおりＥＢＰＭや統計教育の重要性が推進されているが、統計部局の職員は減らされ、十分なトレーニングもされないまま統計業務を担わされている。また、政治主導の政策運営のなかで政策立案にどれほど効果的に統計が活かされているかという疑問もある。こういう実態では、必ずしも社会が本当に必要とする統計は望むべくもない。厚労省や国交省のような統計を巡る不祥事がいつ起こっても不思議ではないし、現場の統計担当者は被害者ではないかとさえ思える。

統計は何のためにあるか

このような統計を巡る社会環境を考えると、現代の統計は構造的な課題を抱えており、根本的な統計体系や統計への考え方を見直さなければならない時期に直面しているように思う。不祥事が起きて、その原因究明をしただけで問題の解決にはつながらない。

「統計は社会の鏡、あるいは社会の羅針盤」といわれる。社会が抱える課題を発見し、その課題を解決する方向性を示すのが統計の役割であるという内容である。そのためには、社会事象をまず正確に把握することが必要だ。こういうのは簡単だが、実は統計の調査項目を設定するに当たり先達による多くの議論を重ねて決められている。例えば、農林業センサスにおける面積の把握については単に耕地面積ではなく「経営耕地面積」という把握の仕方である。これは調査農家の経営規模を把握するために（所有耕地＋借入耕地－貸出耕地）で実際に耕作している面積をつかむ必要から導入されている定義である。したがって土地台帳の面積とは異なるが、農業を営むという経済的行為を把握するために面倒な把握が行われているのである。このほか、協業で経営している耕地は、自分の土地であっても、自らの経営耕地とはせず、協業経営体の経営耕地とするなど詳細なルールが決められている。こうした背景には、農業構造の問題は何か、さらに問題を正確に把握するにはどのような方法が適切か、調査した結果をどのような集計をすればよいのか、多くの人にとって使いやすい集計様式はどうあるべきかといったことなどが検討された上で統計行政は行われている。そこには農業問題への問題意識、思想、哲学が込められていることを忘れてはならない。

統計マンこそ最強の分析者たれ

さて、再び廃止案が出ている農林業センサスの農業集落調査に話を戻そう。この調査はわが国農村の姿を正確に把握する基本中の基本の調査である。一九五五年に始まり約七〇年間のデータ蓄積がなされてきており、全農業集落の歴史を数値で読み取れる統計であって、私は日本の宝といってよい統計だと思っている。世界的にも類似のものはない。農村政策が位置付けられていなかった基本法農政のなかでも農業集落調査は実施されてきた。それはなぜか。日本の農業や生活が農業集落を単位に営まれてきたために、農業構造を分析する上で農業集落の実態把握は必要不可欠であったためである。また農政の実行についても農業集落を単位として行われてきた。

一方、最近の農政は農村政策を強力に推進することに舵をきっているのであり、そのためにもこの調査は欠かせないし、むしろ廃止どころかますます厳しい状況にある農山村の再構築に向けて充実させた統計にすべき統計である。農業集落廃止案はこの農村政策を見捨てることにもなり、農政そのものの信頼失墜につながってくる。事は農林統計だけの問題ではなく、農政全般の信頼を失いかねない問題であるといえよう。現在、緊急に食料・農業・農村基本法の見直しが始まっており、食料の安定確保に加えて急速に過疎が進行しているわが国国土の再構築に向けて基本的で正確な統計を提供することが公的統計の責務ではないか。農山村振興には長期の取り組みが必要である。今、ここで農業集落調査を廃止したら、何を道標にするのかと問いたい。

戦後の農林統計の整備に当たっては、当時、東京大学農学部農政学の近藤康男教授の尽力は計り知れないものがあった。東大で教鞭とる傍ら、農林省統計局長も兼務し農林統計の基礎を築き、〝世界に冠たる農林統計〟と評価される統計が構築された。これは、近藤教授が最大の統計利用者でかつ分析者であったことから適切な統計を整備できたのではないかと思う。その意味で、私は統計担当者こそが最強の分析者であって欲しいと願っている。そうでないと、問題把握のための調査項目の企画・設定や適切な集計様式はできない。現代は、各統計担当者は統計を作成するだけに留まっている。企画するために委員会を設けて利用者のニーズを把握していると反論されるかもしれないが、だとしたら今回のような騒動は起きないはずだ。「統計マンこそ最強の分析者たれ」を実現するには、省内で最も優秀な人材を統計部局に配置してはどうかと提案したい。

今回の件で、多くの研究者を中心とした統計利用者が農林統計に関心を示したことは良かったと思っているが、日頃から統計に興味をもってもらい、必要であれば要望や提案を出して社会全体で「統計を育てる」ことを望みたい。そうすれば、今回のような一方的な提案などは出てこないように思う。農業や農村は五年や一〇年で生まれ変わることはできない。百年の計が必要であり、それを支える統計も政策もその覚悟が求められる。

本稿執筆時点では、農業集落調査の先行きは分からないが、いずれにしても将来に禍根を残さないような決着を願うばかりである。

（よしむら ひですみ・元筑波大学）

国際部レポート

ＪＡＪＡの国際部発足とＩＦＡＪ大会参加について

会員　小倉　千沙

農政ジャーナリストの会（ＪＡＪＡ）国際部が創設され半年余りが経過しました。まだ馴染みのない会員も多いと思いますので、発足の経緯やこれまでの活動状況について国際部長より、幹事会を代表して報告します。

国際部発足の経緯

ＪＡＪＡは一九八八年から国際農業ジャーナリスト連盟（ＩＦＡＪ）の正会員となっていましたが、近年は幹事交代やコロナ禍を背景に対外的な活動が低迷し、財政上の理由もあってＩＦＡＪ脱退が議論されるようになりました。しかし、会員からは「海外との窓口を閉ざすべきではない」との強い異論も出たため、会員アンケートや「ＩＦＡＪ問題検討委員会」での数回にわたる議論を踏まえて新たに国際部を設置し、1年間を試行期間として国際交流活動の再構築を図ることが、二〇二二年六月の総会で決まりました。

国際部が掲げるビジョンは「食料の安定供給を支える国際的な食料・農業の情勢を会員が把握・発信することをサポートし、食料・農業に対する国民的理解の醸成に資すること」。今後は、その理念に沿ってＩＦＡＪの活動に積極的に参加し、その成果を会員全体と共有するよう努めていく所存です。

国際部には、幹事から私こと小倉千沙（株式会社メロス代表取締役）のほか、鹿野和子（汎太平洋東南アジア婦人協会副会長）、菅正治（時事通信社ロンドン特派員）の3氏が選任され、小倉が部長に就任しました。さらに、会員から山田優（日本農業新聞特別編集委員、元ＪＡＪＡ国際部長）、石井勇人（共同通信アグリラボ所長、前ＪＡＪＡ会長）、芹沢千恵子（汎太平洋東南アジア婦人協会事業部長）、安田禎仁（農業共済新聞記者）の4氏がサポーターとして側面支援する態勢を整えました。以上のメンバーを中心に、ＩＦＡＪとの連携強化やＪＡＪＡ会員への海外情報提供などに取り組んでいきたいと考えています。

具体的には、年一回開かれるＩＦＡＪの総会や執行委員会等の会合に参加し、その内容を国内での報告会や機関誌「日本農業の動き」の記事を通じてフィードバックします。また、優れた農業報道を顕彰するＩＦＡＪの賞「スタープライズ」への応募を国内報道関係者に促し、関連イベントの開催等も企画します。

ＩＦＡＪについて

ＩＦＡＪは世界五五カ国の農業ジャーナリスト組織が加盟し、五〇〇〇人以上の農業ジャーナリストやコミュニケーター（企業・団体の広報担当など農業に関するコミュニケーションを担うプロフェッショナル）に専門的知見や能力向上の機会を提供しています。

農業は、食料だけでなく繊維などさまざまな産業分野に素材を供給し、バイオマス燃料などのエネルギーも産出する重要産業です。また、農家は地球上の多くの地域で農村地域の人口を支え、地域を発展させる大事な役割を果たしています。

そのあり方は、貿易や技術の開発・普及などを通じて刻々と変化しています。ＩＦＡＪは世界の農業者や関連企業、政策当局に有用な情報を提供し、消費者に新しい動きを伝えることで、持続可能な地球の未来に貢献する組織といえます。

その目的を達成するため、ＩＦＡＪは世界のジャーナリストや編集者、写真家、デザイナー、そのほか農業にかかわる多様なコミュニケーターの相互交流を促進し、国際的なネットワークづくりのためのプラットフォームを提供しています。政治的に中立な非営利団体として、発展途上国のジャーナリストらへのアウトリーチ活動にも取り組んでいます。

具体的な活動内容は以下の通りです。

・ＩＦＡＪウェブサイト（https://www.ifaj.org/）の運営

・ＩＦＡＪニュースの発行

・年次総会の開催（併せて、さまざまなプレスツアー～共同取材～の機会が提供されます。今後の開催国は二〇二三年がカナダ、二〇二四年はスイス、二〇二五年はイスラエル、二〇二六年はケニアを予定）

・スタープライズ（印刷物、デジタルメディア、写真、映像、音声の五部門で毎年選考）

・マスタークラス（ＩＦＡＪ未加盟国のジャーナリストを支援し、国内組織設立をサポートするプログラム）

・ヤングリーダープログラム（優れた才能を持つ各国組織の若手のリーダーを育成）

・ウェビナー（不定期のオンラインセミナー）の開催

・各国のジャーナリストに直接コンタクトをとるための連絡先リスト（ベータ版として二〇二二年に整備され、https://portal.ifaj.org/からサインアップ可能）の作成・共有

・ＩＦＡＪ財団（近く発足予定）の運営

◎デンマーク大会への参加と報告会

対面では三年ぶりとなる二二年のＩＦＡＪデンマーク大会は、同年六月二七日から七月三日（現地時間）までの八日間、開催されました。ＪＡＪＡからは鹿野、石井、山田の三氏が参加し、国際部としてその報告会を一〇月五日、東京千代田区の日本記者クラブ（日本プレスセンタービル）でおこないました。

報告会場には対面・オンライン合わせて六〇名近くが参加、ＩＦＡＪ幹部からもグローバルマネジャーを務めるヒュー・メイナード氏がカナダからオンラインで出席し、ズーム（オンライン会議システム）の自動翻訳機能を使って冒頭あいさつをしました。次いで、鹿野氏が総会全体の様子や会場の和やかな雰囲気、ネットワーキングなどの状況を説明しました。

デンマーク大会の大きなテーマの一つは環境保全型農業でした。欧州連合（ＥＵ）では、二〇二〇年に策定した「ファーム・トゥ・フォーク（農場から食卓まで）戦略」の下で環境負荷を抑えた持続可能な農業への転換が図られており、特に国民のエシカル（倫理的）な意識が高いデンマークは最先端を歩んでいます。

石井氏と山田氏からは共同取材の参加報告がありました。デンマークでは、温暖化ガスの排出削減のため泥炭湿地に位置する約一〇万㌶の農地を水没させて自然に戻すという大胆なプロジェクトが進められており、それに協力する農家の意見なども紹介されました。

また、環境負荷が高い食肉の消費を減らすために植物性タンパク質への転換が進められていますが、南米アマゾンの森林破壊の原因と指摘される輸入大豆への依存を減らすため、国内でのマメ科植物栽培への移行を進める取り組みも紹介されました。アニマルウェルフェア（動物福祉）関連では、母子そろった状態で豚を飼育する放牧養豚の導入についても報告がありました。

欧州の農業情勢については、ロンドンの菅氏からもオンラインで発言を受けました。質疑応答では、泥炭地水没の意義、ファーム・トゥ・フォーク戦略に対するデンマーク農家の反応、家畜の生体輸出が増加する背景などについて熱心な質問が寄せられました。

以上のように内容的には充実した報告会でしたが、複数の報告者によるハイブリッド（対面・オンライン併用）形式の会合は初めてということもあり、音響機器やＷｉ-Ｆｉ（無線インターネット回線）の不具合による音声トラブルがあったことは大きな反省材料です。オンラインで参加していただいた方々には心からお詫びを申し上げます。

国際部としては、今回の成果と教訓を踏まえ活動の幅を広げていきたいと考えておりますので、会員の皆様のご参加とご協力をいただければ幸いです。当部の活動にご関心がある方は、ぜひ事務局までご連絡をください。

（おぐら　ちさ・株式会社メロス代表取締役）

編集後記

▽……昨年末、京都の清水寺で恒例の世相を表わす一文字に「戦」（せん）の文字が選ばれました。皆さんはどのような感想を持ちましたか。多くの人は、ロシアのウクライナ侵攻から想起したことでしょう…リアルな戦争の「姿」は、今もテレビを通じてお茶の間に流れています。

一方で、戦（せん）にはサッカーワールドカップの印象が強かったようです。強豪ドイツ、スペインを倒した日本チームは戦い終えて、敵味方なく、抱き合い、称え合う清々しい「戦い」は、感動を呼びました。

▽…一方で、私達は目に見えないコロナ菌とも「戦」っています。世界中の人々を苦しめているコロナ禍。二つの「戦い」から始まる本年は卯年、勝負に勝って、飛び跳ねたいものですね。

▽…さて今号は、特集に『改めて食料安全保障を考える』です。国家の根底をなす食料・農業・農村基本法（『食料基本法』／一九九九年制定）ですが、森山裕元農水大臣をはじめ、三石誠司宮城大学教授、㈱さかうえ代表取締役の坂上隆、日比健JA全農耕種資材部長の四氏に議論の先駆けをお願いしました。「政治」「研究者」「生産者」「流通」の四氏による、幅広い提案になっています。

▽…玉ネギ生産者のSさんから賀状。マイファーマーの一人Sさんとは十年来の付き合いだが、甘味が特徴のタマネギは圃場で十分〝寝かせ〟技術にあるようだ。Sさんは農協に勤め定年を残して農業者になった。年金の心配をするサラリーマンが多い。

「私の年金は畑です」と。（青）

日本農業の動き No.217
改めて食料安全保障を考える
定価は裏表紙に表示してあります（送料は実費）。
二〇二三年一月三十一日発行©
発行 農政ジャーナリストの会
編集 会長 行友 弥
〒100-6826 東京都千代田区大手町一の三の一（JAビル）
電話（03）六二六九-九七七二
FAX（03）六二六九-九七七三
販売 一般社団法人 農山漁村文化協会
〒335-0022 埼玉県戸田市上戸田二-二-二
電話 〇四八-二三三-九三五一
URL: https://www.ruralnet.or.jp/
振替 〇〇一二〇-三-一四四四七八
購読のお申込みは近くの書店か、直接発行・発売元へご連絡下さい。バックナンバーもご利用下さい。

PRINTED IN JAPAN 2023 ISBN978-4-540-22063-0 C0061

耕そう、大地と地域のみらい。
安全と安心を、すべての食卓に。
JAグループは、生産者一人ひとり
と共に、今日も進みつづけます。
この国の豊かな大地と地域の
くらしを、次の世代へ伝えるために。
JAグループ
耕そう、大地と地域のみらい。
安全と安心を、すべての食卓に。
JAグループは、生産者一人ひとり
と共に、今日も進みつづけます。
この国の豊かな大地と地域の
くらしを、次の世代へ伝えるために。
JAグループ

賀川 豊彦